Alles über die Mercedes-Benz A-Klasse

Christof Vieweg

Technik transparent

Alles über die Mercedes-Benz A-Klasse

Eine Publikation des Daimler-Benz Service, Stuttgart

1. Auflage 1997

Herausgeber:
Daimler-Benz AG, Abteilung VSE/I, D-70322 Stuttgart
Projektleitung:
Dr. Alfred Neher, Hansjörg Schütz, Hans Keppler

Konzeption und Chefredaktion:
Christof Vieweg, CH-6918 Figino

Grafische Gestaltung und Produktion:
Grandpierre & Partner Design, D-65510 Idstein

Redaktionelle Mitarbeit:
Hans Schilder, Peter Weyer

Fotografie:
Markus Bolsinger;
Christoph Altmann, Frank Herzog, Christoph Morlok,
Harry Ruckaberle, Horst Stein, Presseabteilung Pkw, Vertrieb Pkw

Grafiken:
Daimler-Benz AG, Abteilung VSE/IM

Druck:
Druckhaus Darmstadt GmbH, D-64295 Darmstadt
Buchbinderische Verarbeitung:
C. Fikentscher GmbH, D-64295 Darmstadt

ISBN 3-9804457-8-X
Daimler-Benz-Bestellnummer 6516 0904 00

In dieser Buchreihe sind bisher erschienen:
Alles über die Mercedes-Benz E-Klasse
(Juni 1995, 2. Auflage April 1997)
Alles über den Mercedes-Benz SLK
(Juli 1996, 2. Auflage Oktober 1996)
Everything about the Mercedes-Benz SLK (Dezember 1996)
Alles über die Mercedes-Benz V-Klasse (September 1996)
Alles über den Mercedes-Benz CLK (Juni 1997)
Everything about the Mercedes-Benz CLK (August 1997)
Alles über die Mercedes-Benz C-Klasse (Juli 1997)

„Technik transparent" ist auf chlorfrei gebleichtem Papier unter Verwendung mineralölfreier Farben gedruckt.

Stand per Redaktionsschluß am 10. Juni 1997

Inhalt

Aufsteiger

Die A-Klasse ist der neue Karriere-Typ auf dem Automobilmarkt: Innovative Technik und ein intelligentes Konzept machen das ultrakompakte Mercedes-Modell zum Trendsetter für die gesamte Pkw-Entwicklung.

Alles in Kürze:
Auf nur 3,57 Meter Außenlänge bietet die A-Klasse alles, was junge und junggebliebene Menschen von einem modernen Automobil erwarten – vor allem Fahrspaß.

Für jede Gelegenheit: Mit ihrem variablen Innenraum ist die A-Klasse Stadtwagen, Familienauto, Kombi und Mini-Van in einem. Auch als Partner beim Freizeitsport macht der neue Mercedes-Benz eine gute Figur.

Neue Ideen:
Die Entwicklung der A-Klasse erforderte ein Umdenken in fast allen Disziplinen der Automobiltechnik. So entstand ein neuartiges Karosseriekonzept mit vielen Vorzügen – das Sandwich-Prinzip.

Am Anfang stand die Meinung der Kunden. Weder futuristische Designer-Ideen noch die utopischen Träume der Ingenieure, sondern die praxisnahen Wünsche und Anforderungen der Autofahrerinnen und Autofahrer prägten die Entwicklung der A-Klasse von Anfang an. Mercedes-Marktforscher sprachen mit mehr als 1 000 Autofahrerinnen und Autofahrern und erkundigten sich nach ihren Vorstellungen über das Kompaktauto der Zukunft. So entstand ein Lastenheft, dessen gleichrangige Entwicklungsziele lauteten:

- attraktives Design
- kompakte Außenabmessungen
- großzügiges Platzangebot im Innenraum
- hoher Nutzwert
- gute Variabilität
- mercedestypische Sicherheit
- schadstoffarme, verbrauchsgünstige Motoren

Mit anderen Worten: Neue Auto-Ideen braucht das Land. Denn von vornherein stand fest, daß sich diese Kundenwünsche nicht mit einem herkömmlichen Fahrzeugkonzept verwirklichen lassen. Ein Automobil in den Dimensionen eines Kleinwagens zu konstruieren, das gleichzeitig typische Mercedes-Eigenschaften wie Sicherheit, Komfort und Variabilität besitzt – das war eine Herausforderung der besonderen Art, kein Job wie jeder andere.

Neue Dimensionen: „Kurz, aber hoch“ lautete die Formel für die Karosserie-Gestaltung der A-Klasse. Das Ergebnis kann sich sehen lassen – aus jedem Blickwinkel.

Deshalb hieß es bereits in der Konzeptphase umzudenken und neue Wege zu gehen: Erstmals haben die Mercedes-Ingenieure bei der A-Klasse ein neues Modell nicht von vorne nach hinten, sondern von unten nach oben durchdacht und konzipiert. So entstand ein einzigartiges Konstruktionsprinzip, mit dem sich die A-Klasse grundlegend von anderen Personenwagen unterscheidet: das Sandwich-Konzept.

Zentrales Element dieser Technik ist ein ebener Boden, der geradlinig von den Pedalen bis zum hinteren Stoßfänger reicht und den Innenraum von einem darunterliegenden Aggregatebereich trennt. Das bedeutet konkret: Vorder- und Hinterachse, Kraftstoffbehälter, Batterie, Sicherungskasten und Auspuffanlage befinden sich vollständig im „Untergeschoß“ der Karosserie, während Motor und Getriebe in einer platzsparenden Schrägposition teils vor und teils unter dem Boden angeordnet sind.

Sandwich-Konzept: Pluspunkte für optimale Alltagstauglichkeit

Passagiere oben, Aggregate unten. So lautet – vereinfacht ausgedrückt – das wegweisende Konzept, auf dem sechs wesentliche Produktvorteile der neuen Mercedes-Modellreihe basieren:

- Insassensicherheit: Dank der neuartigen Anordnung verschiebt sich die Antriebseinheit beim Frontalcrash nicht in Richtung Innenraum, sondern kann an dem schrägen Pedalboden der Karosserie nach unten abgleiten. Dadurch erreicht die A-Klasse das hohe Sicherheitsniveau der Mercedes-Personenwagen.

- Raumökonomie: Die Position von Motor und Getriebe unter der Fahrgastzelle ermöglicht einen extrem kurzen Vorbau, so daß 70 Prozent der Außenlänge für den Innen- und Laderaum genutzt werden können. Ein beachtliches Ergebnis, das über den Werten anderer Automobile in der 3,60- bis 4,00-Meter-Klasse liegt.
- Raumkomfort: Mit einer Innenraumlänge von 1835 Millimetern – gemessen vom Fersenpunkt des Fahrers bis zum Hüftpunkt des Fondpassagiers – bietet die neue A-Klasse ihren Insassen den Raumkomfort einer Limousine der Mittelklasse. Zum Vergleich: Die Innenraumlänge der C-Klasse mißt 1839 Millimeter.
- Variabilität: Die Fond-Sitze sind auf dem ebenen Bodenblech so verankert, daß sie mit wenigen Handgriffen herausgenommen oder in eine platzsparende Transportstellung geklappt werden können. Dank der Sitzaufteilung im Verhältnis 1/3 zu 2/3, der vielseitigen Umklappmöglichkeiten und dem auf Wunsch demontierbaren Beifahrersitz läßt sich die A-Klasse mit leichter Hand vom Fünfsitzer zum Drei-, Zwei- oder Einsitzer verwandeln – ganz nach Wunsch und Einsatzzweck. Im Fond sind allein 36 verschiedene Sitzvariationen möglich. Die A-Klasse ist damit so variabel wie ein Mini-Van.
- Ladekapazität: Je nach Position der Fond-Sitze bietet der Kofferraum der A-Klasse ein Ladevolumen von 390 bis 1040 Litern – gemessen nach der VDA-Methode bei Beladung bis zur Oberkante der vorderen Sitzlehnen. Das sind Spitzenwerte in der 3,60-Meter-Klasse. Ist auch der Beifahrersitz demontiert, vergrößert sich das insgesamt nutzbare Raumvolumen auf 1740 Liter. Das entspricht der Ladekapazität eines großen Kombis.
- Übersichtlichkeit: Durch das Sandwich-Konzept sitzen die Passagiere in der A-Klasse rund 20 Zentimeter höher als die Insassen anderer Personenwagen. Davon profitiert der Fahrer durch eine tadellose Rundumsicht. Überdies: Die hohe Sitzposition bietet besseren Komfort beim Ein- oder Aussteigen und schützt die Passagiere beim Seitenaufprall.

Ökologie: Kraftstoffverbrauch zwischen 4,5 und 6,9 Litern

Mercedestypische Sicherheit trotz kompakter Außenabmessungen; hoher Raumkomfort in einer Karosserie von nur 3,57 Meter Länge; kombiähnliche Ladekapazität und Variabilität auf nur 6,1 Quadratmetern Verkehrsfläche – die Liste der Zielkonflikte, die das Projekt-Team bei der A-Klasse gelöst hat, ist lang. Die Themen beschränken sich aber nicht nur auf den scheinbaren Widerspruch von Kleinwagen-Maßen und Mercedes-Qualitäten, sondern erstrecken sich auch auf andere wichtige Gebiete der Automobilentwicklung. Ein weiteres Beispiel: Umweltverträglichkeit und Fahrspaß – auch diese Ansprüche sind bei der A-Klasse miteinander vereinbar. Dafür sorgen in erster Linie die neuentwickelten Vierzylindermotoren, die neben hohem

S MN 2034

Technik-Info Marktsegment: Positive Merkmale aus vier Fahrzeugklassen vereint

Die vielseitigen Eigenschaften der A-Klasse zeigen, daß dieses Mercedes-Modell den Mobilitätswünschen moderner Menschen entspricht – es ist Stadtwagen, Familienauto, Kombi und Mini-Van in einem. Das bedeutet aber auch: Für die Einordnung und Beschreibung der A-Klasse reichen die traditionellen Segmentbegriffe des Automobilmarktes nicht aus. Allein den Maßstab „Länge" zugrunde zu legen, würde dem wegweisenden Konzept der A-Klasse und seinen kundenorientierten Vorteilen nicht gerecht. Denn in der 3,60-Meter-Kategorie, der sogenannten Sub-Kompaktklasse, liegen beispielsweise die Meßlatten für die Kriterien Insassensicherheit, Raumkomfort und Variabilität weitaus tiefer. Fazit: Mit der Summe ihrer Eigenschaften definiert die A-Klasse ein neues, eigenständiges Marktsegment mit großem Zukunftspotential. Somit wird die neue Mercedes-Modellreihe auch auf diesem Gebiet ihrer Rolle als Trendsetter unter den Personenwagen gerecht.

Typische Produkteigenschaften in vier Segmenten:		**Die Mercedes-Benz A-Klasse bietet in jedem Segment zusätzliche Merkmale:**
Sub-Kompaktklasse	• Kompakte Außenmaße • Günstiger Kraftstoffverbrauch	+ **bessere Sicherheit** + **höhere Variabilität** + **höherer Raumkomfort**
Kompaktklasse	• Gute Fahrleistungen • Günstiger Kraftstoffverbrauch • Gutes Preis-Leistungs-Verhältnis	+ **bessere Sicherheit** + **kompaktere Außenmaße** + **bessere Variabilität**
Van-Klasse	• Gute Innenraum-Variabilität • Hohe Sitzposition	+ **kompaktere Außenmaße** + **bessere Wendigkeit** + **geringerer Verbrauch**
Untere Mittelklasse	• Großer Innenraum • Hohes Sicherheitsniveau • Guter Fahrkomfort	+ **kompaktere Außenmaße** + **bessere Variabilität** + **günstigerer Preis**

**Vielseitigkeit:
In der A-Klasse ergänzen mercedestypische Qualitätsmerkmale die Produkteigenschaften aus vier Marktsegmenten.**

Drehmoment, guter Elastizität im vierten oder fünften Gang und souveräner Leistungsentfaltung auch Trends in der Disziplin Umweltverträglichkeit setzen: Mit einem Kraftstoffverbrauch, der je nach Motorversion nur zwischen 4,5 und 6,9 Liter je 100 Kilometer (NEFZ-Gesamtverbrauch) beträgt, zählt die A-Klasse zu den sparsamsten Automobilen der Welt. Mehr noch: Alle Motoren der Mercedes-Benz A-Klasse – Benziner und Turbodiesel – unterschreiten die gültigen Abgaslimits der „EU-2"-Richtlinie um bis zu 40 Prozent und haben das technische Potential zur Erfüllung noch strengerer Abgasvorschriften, die für die Zukunft geplant sind.

Ausstattung: Premiere für viele technische Innovationen

Den Grundsatz der Individualität überträgt Daimler-Benz auch auf die kleinste Modellreihe. Neben den vier Motorvarianten A 140, A 160, A 160 TURBODIESEL und A 170 TURBODIESEL – später wird noch ein weiteres Benzin-Triebwerk mit 1,9 Liter Hubraum folgen – stehen für die A-Klasse drei Design-/Ausstattungslines zur Auswahl, deren Konzeption unterschiedlichen Kundenwünschen entspricht: Classic, Elegance und Avantgarde. Allen Modellvarianten ist eine reichhaltige Serienausstattung gemeinsam. Sie enthält mit Gurtstraffer, Gurtkraftbegrenzer und automatischer Kindersitz-Erkennung wichtige Sicherheitsdetails, die es in diesem Marktsegment bisher nicht gab. Auch das Aktive Service System ASSYST zählt zu den technischen Innovationen, die nur Daimler-Benz zu bieten hat.

Neue Klasse: Zum Modellprogramm gehören drei Design- und Ausstattungslines mit eigenständigem Charakter und hochwertiger Serienausstattung – Classic (links), Avantgarde (Mitte) und Elegance (rechts).

***A**thlet auf Rädern:*
Das Modell Avantgarde ist die dynamische Variante der A-Klasse. Sportfahrwerk, Leichtmetallräder und Breitreifen gehören zur Serienausstattung dieser Line.

Gegenüber dem Classic-Modell bieten die Lines Elegance und Avantgarde noch mehr serienmäßige Ausstattungsdetails (siehe auch Seite 22 und 23):

- Das Modell Elegance der Mercedes-Benz A-Klasse verfügt unter anderem über elektrische Fensterheber vorn und hinten, Leichtmetallräder, Funk-Fernbedienung für die Zentralverriegelung, Gepäckraumabdeckung, Lederbezug für Lenkrad und Schalthebel sowie eine höheneinstellbare Lenksäule. Äußerlich wird diese Modellvariante durch in Wagenfarbe lackierte Kühlermaske und Außenspiegelgehäuse, Chromeinlagen in den Türgriffen, zweifarbige Rückleuchtengläser und Einstiegsschienen mit Metalleinlage aufgewertet.
- Das Modell Avantgarde bietet unter anderem serienmäßig Gepäckraumabdeckung, Funk-Fernbedienung für die Zentralverriegelung, höheneinstellbare Lenksäule, Sportfahrwerk und Leichtmetallräder mit Breitreifen der Größe 195/50 R 16. Die Kühlermaske ist silber lackiert, und die Gehäuse der Außenspiegel erscheinen in Wagenfarbe. Im Innenraum sorgen

Neuer Partner:
Mit ihrem schicken Design und ihrem intelligenten Konzept weckt die A-Klasse Interesse – nicht nur bei den Autofahrerinnen.

vor allem die Effektlackierung der Blenden an der Instrumententafel, die hellen Zifferblätter der Cockpit-Instrumente und die Sitze mit Stoff-/Lederbezug für ein besonders dynamisches Erscheinungsbild.

Wunschprogramm: Assistenz-Systeme aus der S-Klasse lieferbar

Auch mit den zusätzlichen Ausstattungsdetails, die Daimler-Benz auf Wunsch liefert, unterscheidet sich die A-Klasse in vielerlei Hinsicht von anderen Automobilen dieser Preis- und Größenkategorie. So bietet der Stuttgarter Autohersteller auch in seiner kleinsten Modellreihe moderne elektronische Assistenz-Systeme, die den Fahrer unterstützen und die Fahrsicherheit deutlich verbessern. Beispiele:

- Antriebsschlupfregelung
- Automatikgetriebe mit fünf Gängen
- Automatisches Kupplungssystem
- Auto Pilot System
- Einbruch- und Diebstahlwarnanlage
- Electronic Stability Program ESP
- Klimaanlage mit Aktivkohle- und Staubfilter
- Lamellenschiebedach
- Parktronic
- Sitzheizung vorn
- SPEEDTRONIC

Drei Varianten mit eigenständigem Charakter: Die Lines der A-Klasse und ihre Serienausstattung*

Classic

- Airbags für Fahrer und Beifahrer
- Antiblockiersystem
- Außenspiegel elektrisch einstellbar und beheizt
- Außentemperaturanzeige
- Beifahrer-Erkennung
- Colorglas
- Drehzahlmesser
- Fahr- und Zugangsberechtigungssystem ELCODE
- Fahrersitz mit Höheneinstellung
- Fensterheber vorn elektrisch betätigt
- Fondsitze im Verhältnis 1/3 : 2/3 geteilt, umklapp- und demontierbar sowie mit Längs- und Lehneneinstellung
- Gurtstraffer und Gurtkraftbegrenzer vorn
- Gurtstraffer an den äußeren Fond-Sitzplätzen
- Heckscheibenwischer
- Heizung mit Staub-/Pollenfilter und Umluftschaltung
- Kindersitz-Erkennung für den Beifahrersitz
- Kopfstützen fünffach höheneinstellbar
- Leuchtweiteregulierung
- Nebelscheinwerfer
- Radio- und Lautsprecherverkabelung
- Radioantenne im Heckspoiler
- Reifendichtmittel TIREFIT mit elektrischer Luftpumpe
- Schaltgetriebe mit fünf Gängen
- Servolenkung
- Sidebags in den vorderen Türen
- Verbandtasche
- Verzurrösen im Kofferraum
- Warndreieck
- Wartungssystem ASSYST
- Zentralverriegelung

Elegance** Classic-Ausstattung plus

- Ablagebox unter Fahrer- und Beifahrersitz
- Außenspiegelgehäuse in Wagenfarbe lackiert
- Einstiegsschienen aus Edelstahl
- Fensterheber mit elektrischer Betätigung vorn und hinten
- Funk-Fernbedienung für die Zentralverriegelung
- Gepäckraumabdeckung
- Kühlermaske in Wagenfarbe lackiert
- Lederlenkrad
- Lederschalthebel
- Lenksäule höheneinstellbar
- Leichtmetallfelgen im Fünf-Loch-Design
- Pompadourtaschen an den Rückseiten der vorderen Sitzlehnen
- Türgriffe mit Chromverzierung
- Türverriegelung automatisch

Avantgarde** Classic-Ausstattung plus

- Außenspiegelgehäuse in Wagenfarbe lackiert
- Breitreifen 195/50 R 16
- Funk-Fernbedienung für die Zentralverriegelung
- Gepäckraumabdeckung
- Kombi-Instrument mit hellen Zifferblättern
- Kühlermaske silber lackiert
- Lederlenkrad
- Lederschalthebel
- Leichtmetallfelgen im Fünf-Speichen-Design
- Lenksäule höheneinstellbar
- Sportfahrwerk
- Stoff-/Lederbezug für die Sitze
- Türverriegelung automatisch

* Auszüge;
** diese Line ist für den A 160 TURBODIESEL nicht lieferbar.

Gute Aussichten: Mit der A-Klasse definiert Daimler-Benz ein neues, eigenständiges Marktsegment mit großem Wachstumspotential. Die Reise in die Zukunft hat begonnen.

Nordlichter

Mit der A-Klasse zu den schönsten Leuchttürmen an der Nord- und Ostsee

Leuchttürme sind die Verkehrsampeln der Seefahrer. Ihre Lichtsignale warnen vor Untiefen, weisen den Weg zum sicheren Hafen und helfen bei der Positionsbestimmung. Viele der blinkenden Türme an Nord- und Ostsee sind bereits seit über 100 Jahren im Einsatz – jeder von ihnen hat seine eigene Geschichte.

Rendezvous von Nostalgie und Neuzeit: Die A-Klasse am fast 140 Jahre alten Leuchtturm List Ost auf der Insel Sylt.

S MN 2034

Innovation aus dem vorigen Jahrhundert: Das überdimensionale Linsensystem des französischen Physikers Fresnel bündelt das Licht des Leuchtturms Kampen und trägt es meilenweit aufs Meer hinaus.

Blinkzeichen aus dem Watt: 1908 ging das Licht des Leuchtturms Westerheversand zum ersten Mal auf. Die kleine Siedlung am Übergang zwischen Land und Meer ist das Wahrzeichen Nordfrieslands.

Windstärke sechs. Ein eisiger Nordwind rast über das Watt und gibt selbst den Möwen keine Chance, vorwärts zu kommen. Laut kreischend drehen sie ab und lassen sich willenlos von den Böen davontreiben. Es ist morgens um halb sechs. Noch versteckt sich die Sonne hinter dem östlichen Horizont und schickt nur ein paar vereinzelte Strahlen herüber. Der Tag beginnt langsam.

Wir stehen auf dem Deich hinter der Ortschaft Westerhever und blikken aufs Meer. Ein eindrucksvolles Bild: Weit draußen läßt das schwache Sonnenlicht die Umrisse einer kleinen Siedlung erkennen, deren Gebäude wie eine Insel aus den meerüberspülten Wiesen ragen – zwei Wohnhäuser, und dazwischen ragt ein rot-weißer Turm empor.

In regelmäßigen Abständen blinkt das Licht in der Turmspitze auf, bleibt für einen Moment sichtbar und verschwindet dann wieder. Seefahrer würden den idyllischen Ort bereits anhand dieser Blinkzeichenfolge erkennen: Es ist der Leuchtturm Westerheversand bei St. Peter-Ording, das bekannteste Wahrzeichen Nordfrieslands.

Sechs Uhr. In ein paar Minuten wird es hell. Ende der Nachtschicht – der blinkende Wegweiser, der Schiffskapitänen und Fischern eine sichere Fahrt durchs Wattenmeer ermöglicht, schaltet sich ab.

Über 32 000 solcher Nächte hat der 41 Meter hohe Vorposten am Übergang zwischen Land und Meer bereits hinter sich. Am 26. Mai 1908 ging sein Licht zum ersten Mal auf und brennt seitdem mit gleicher Präzision und Zuverlässigkeit. Dafür sorgten jahrzehntelang die beiden Leuchtturmwärter, die mit ihren Familien in den Häusern links und rechts des Turms

Zwillingsbrüder aus Gußeisen: Die Leuchttürme Westerheversand (links oben als Bausatz-Modell) und Hörnum (oben) stammen vom gleichen Hersteller. Sie bestehen aus über 600 Eisenplatten, die miteinander verschraubt sind.

lebten. Ihr Wachdienst begann regelmäßig kurz vor Einbruch der Dunkelheit mit dem Einschalten des „Feuers", das anfangs noch mit Hilfe einer Kohlenbogenlampe erzeugt wurde. Die arbeitete zwar zuverlässig, doch aufs Ohr legen durfte sich der Leuchtturmwärter trotzdem nicht. In langen Winternächten mußte er manchmal sogar nach oben klettern und die Kohlestäbe im Inneren des Lampenmonstrums erneuern. Ihre Brenndauer betrug nämlich nur sechs bis acht Stunden.

Tagsüber hatten sich die Leuchtturmwärter nur um die Pflege und Wartung der Anlage zu kümmern – und um ihren Lebensunterhalt. Denn der Job im Turm war schlecht bezahlt, so daß die Männer nebenbei Ackerbau und Viehzucht betrieben, um ihre Familien ernähren zu können.

Zu Beginn der siebziger Jahre hat der letzte Leuchtturmwärter die ebenso einzigartige wie einsame Siedlung im Watt verlassen. Jetzt leben Wissenschaftler und Naturkundler in den Häusern am Fuße des Turms und nutzen diese Außenstelle der Zivilisation, um das Leben der Wasservögel zu studieren. Das Leuchtfeuer wird heute per Funk vom Wasser- und Schiffahrtsamt in Tönning gesteuert und ist längst nicht mehr so wartungsintensiv wie vor 90 Jahren. Die moderne Xenon-Hochdrucklampe brennt nicht nur länger, ihr gebündelter Lichtstrahl reicht auch viel weiter als damals. Konkret: Noch in 21 Seemeilen (rund 39 Kilometer) Entfernung muß das Licht des Leuchtturms zu sehen sein, so ist es in den Seekarten verzeichnet, und so schreiben es die amtlichen Regeln über Technik und Betrieb der Schiffahrtszeichen vor.

Lichterkette: Von Emden bis Sylt

Der Leuchtturm Westerheversand ist Teil einer mehrere hundert Kilometer langen Lichterkette entlang der deutschen Nordseeküste, die in Emden beginnt und am Nordzipfel der Insel Sylt endet. Sie hat die Aufgabe, Schiffskapitäne sicher in die Häfen zu lotsen, sie vor Untiefen zu warnen und ihnen bei der Lagepeilung zu helfen. Generell gilt für Seefahrer: Wo Leuchttürme stehen, droht Gefahr – Abstand halten ist empfehlenswert. Und ein genauer Blick auf die farbigen Lichtzeichen vom Ufer, denn nur wer im Sektor des weißen Lichtstrahls fährt, ist auf der sicheren Seite. Tauchen dagegen Rot und Grün im Blickfeld auf, heißt es abdrehen, bis das weiße Leitfeuer wieder auftaucht. Es weist den Weg ins richtige Fahrwasser.

Die ersten Warnsignale dieser Art soll es bereits in vorchristlicher Zeit gegeben haben, wie eines der sieben Weltwunder der Antike beweist: der rund 120 Meter hohe Turm von Pharos auf einer Halbinsel vor Alexandria, den die Ägypter 280 vor Christus errichteten und der im 14. Jahrhundert durch ein Erdbeben zerstört wurde. In Deutschland gelten die Hansestädte Lübeck und Hamburg als Vorreiter auf diesem Gebiet der Seefahrerwarnung. Im 13. Jahrhundert begannen die reichen Kaufleute gefährliche Küstenabschnitte und wichtige Hafeneinfahrten durch Lichtzeichen zu markieren – der erste deutsche Leuchtturmwärter trat 1316 in Travemünde zum Dienst an.

Aus dieser Zeit blieb leider kein Bauwerk erhalten, die meisten Leuchttürme an der deutschen Nord- und Ostseeküste wurden im 19. Jahrhundert gebaut. Der älteste steht in Cuxhaven und stammt aus dem Jahr 1805, der neueste steht in Warnemünde an der Ostsee und hat erst 17 Dienstjahre auf dem Buckel.

Lichtquelle: Kohlenfeuer auf dem roten Felsen

Eine lange Tradition hat auch ein anderes deutsches Lichtsignal, das Schiffskapitänen in der Nordsee den Weg weist: der Leuchtturm von Helgoland. Schon 1630 – als die Insel noch zu Dänemark gehörte – entzündete man hier nachts regelmäßig ein Kohlenfeuer, das bis 1810 seinen Zweck erfüllte. Dann eroberten die Briten das Eiland und ärgerten sich über das primitive Feuersignal, so daß sie statt dessen den ersten „richtigen" Leuchtturm der Insel bauen ließen. Zwölf Jahre später, nachdem der deutsche Kaiser Wilhelm II. Sansibar gegen Helgoland getauscht hatte, ging auf dem roten Felsen in der Nordsee wieder ein anderes Licht auf – eine sogenannte Blinkfeueranlage, deren Blitze bei gutem Wetter sogar noch im 60 Kilometer entfernten Büsum sichtbar waren.

Die wirren Eigentumsverhältnisse der Nordsee-Inseln prägen auch die Geschichte des nördlichsten Leuchtturms auf Bundesgebiet. Er steht auf dem „Ellenbogen" der Insel Sylt, die einst zum dänischen Königreich gehörte. Seit genau 140 Jahren ist das Leuchtfeuer List West in Betrieb und signalisiert Schiffen schon auf 25 Kilometer Entfernung, wie sie sicher den Weg zum Hafen des Städtchens List erreichen. Dabei arbeitet der Turm mit dem nur wenige Kilometer entfernten Leuchtfeuer List Ost zusammen, das ebenfalls noch unter dänischer Regie gebaut wurde. Die beiden Nordlichter Sylts sind mit 11 und 13 Metern Höhe zweifellos nicht die größten Vertreter ihrer

Veteranen auf der Insel: Der 40 Meter hohe Leuchtturm Kampen (links) steht unter Denkmalschutz – sein Bauherr war der dänische König. Das Leuchtfeuer List Ost (oben und unten) weist Schiffen den Weg um die Nordspitze von Sylt.

Laterne in den Dünen: Auf dem Sylter „Ellenbogen" ist der Leuchtturm List West seit 140 Jahren in Betrieb.

Art, doch dafür stehen sie in einer besonders reizvollen Dünenlandschaft, die zum Erholen einlädt. Ganz billig ist der Ausflug auf den „Ellenbogen" allerdings nicht: Die Benutzung der Privatstraße, die an den Leuchttürmen vorbeiführt, kostet stolze 15 Mark.

Lichttechnik: Überdimensionale Linsen und Prismen

Die Prominenten-Insel im hohen Norden Deutschlands hat aber in Sachen Leuchttürme noch mehr zu bieten. Südlich von Kampen errichtete der dänische König Frederik VII. 1855 ein 40 Meter hohes Bauwerk, das in vielerlei Hinsicht als technisches Meisterwerk gilt und deshalb zu Recht unter Denkmalschutz steht. Denn im Gegensatz zu den meisten anderen Leuchttürmen an der Nordseeküste besteht dieses Gebäude aus Tausenden von Klinkersteinen, die man eigens von der Ostsee nach Sylt transportieren ließ. Das erklärt die lange Bauzeit von rund eineinhalb Jahren.

Großen Aufwand betrieben die Dänen auch bei der lichttechnischen Ausstattung des Turms. Das Prinzip stammt von dem französischen Ingenieur Augustin Jean Fresnel. Er hatte 1821 ein aus ringförmigen Zonen aufgebautes Linsensystem erfunden, das Lichtstrahlen stark bündelt und somit über große Entfernung sichtbar macht. Die Bedeutung dieser Fresnel-Linse für die Leuchtfeuertechnik wurde jedoch erst 34 Jahre später entdeckt und als bahnbrechende Innovation gefeiert. Dänemarks Regierung erwarb 1855

Touren-Tip

Zu den Leuchttürmen an der Nord- und Ostseeküste

Anreise zum Leuchtturm Westerheversand

Autobahn A 23 Hamburg – Heide. Dann weiter auf den Bundesstraßen 5 und 202 in Richtung Tönning/St. Peter-Ording. In Tating abbiegen in Richtung Tümlauer/Westerhever. Geradeaus bis zum Deich. Der Leuchtturm ist zu Fuß zu erreichen.

Tour

- Westerhever – Husum – Niebüll: ca. 90 Kilometer.
- Autoverladung nach Westerland/Sylt.
- Westerland – Kampen: ca. 6 Kilometer.
- Kampen – Abzweig Sylter Ellenbogen: ca. 12 Kilometer.
- Westerland – Hörnum: ca. 18 Kilometer.
- Autoverladung Westerland – Niebüll.
- Niebüll – Flensburg: ca. 45 Kilometer.
- Flensburg – Gelting – Falshöft: ca. 40 Kilometer.
- Falshöft – Eckernförde – Bülk: ca. 75 Kilometer.

Leuchttürme

Die meisten Leuchttürme können nicht von innen besichtigt werden. Besuche sind möglich in den Leuchttürmen Norderney, Neuwerk, Darßer Ort, Kampen, Borkum und Amrum.

Hotels

St. Peter-Ording:
- Ambassador, Telefon 04863 7090.
- Landhaus an de Dün, Telefon 04863 96060.

Sylt:
- Walter's Hof, Kampen, Telefon 04651 98960.

Kappeln:
- Thomsen's Motel, Telefon 04642 1052.

Kiel:
- Maritim-Bellevue, Telefon 0431 38940.

Literatur

- „Leuchttürme an Deutschlands Küsten“, Reinhard Scheiblich, Delius-Klasing-Verlag, 144 Seiten, ca. 60 Mark.

Informationen

- Förderverein Maritimer Denkmalschutz e.V., Inselstraße 6, 27568 Bremerhaven, Telefon 0471 49076.
- Fremdenverkehrsverband Schleswig-Holstein, Niemannsweg 31, 24105 Kiel, Telefon 0431 560025.

(Angaben ohne Gewähr)

Vorposten auf dem „Ellenbogen“: Der Leuchtturm List West stammt aus der Zeit, als die Insel Sylt zu Dänemark gehörte. Heute ist er das nördlichste Leuchtfeuer Deutschlands.

eines der ersten Systeme und ließ es in der Spitze des neugebauten Leuchtturms Kampen installieren. Dort ist das mannshohe Linsen- und Prismengebilde noch heute im Einsatz und trägt das Licht einer 1 000 Watt starken Glühlampe bis zu 20 Seemeilen (rund 37 Kilometer) weit.

Lichthäuser: Leuchttürme in Serienproduktion

Erst 54 Jahre nach dem Bau des Backsteinturms Kampen bekam auch der Süden der Insel Sylt ein eigenes Leuchtfeuer. In Hörnum baute man auf Drängen der Hapag-Reederei den 34 Meter hohen Leuchtturm, der seinem Pendant in Westerheversand zum Verwechseln ähnlich sieht. Kein Wunder: Beide Türme stammen vom gleichen Hersteller, der Isselburger Hütte am Niederrhein. Diese Firma bekam 1905 einen Großauftrag der Reichsregierung zur Errichtung von vier Leuchttürmen aus Eisenteilen, die daraufhin in Hörnum, Westheversand, Büsum und auf der Insel Pellworm entstanden – Leuchttürme „von der Stange“ zum Stückpreis von rund 90 000 Reichsmark.

Die Verbundkonstruktion des Hörnumer Bauwerks besteht aus 600 einzelnen Eisenelementen, die von Schrauben und Nieten zusammengehalten werden. 137 Treppenstufen führen in die Spitze des Turms, wo heute

Weitstrahler am Strand: Im Leuchtturm Falshöft (rechts) teilten sich bis in die siebziger Jahre zwei Wärter einen spärlich eingerichteten Raum (unten). Die Lichttechnik stammt von 1910 und arbeitet nach wie vor mit gleicher Präzision.

ein modernes Scheinwerfersystem mit vier Natrium-Hochdrucklampen Schiffskapitänen und Fischern „heimleuchtet".

Daß Leuchttürme aber durchaus auch für andere Aufgaben geeignet sind, zeigt ein Blick in die Chronik der Ortschaft Hörnum auf Sylt. Zwar erlangte das Dorf durch den Bau der Schiffsanlegestelle und der Insel-Eisenbahn eine gewisse Bedeutung für den Insel-Tourismus, doch die meisten Kurgäste stiegen vom Dampfer gleich in den Zug um und bezogen ihr Urlaubsquartier lieber in Westerland. So zählte Hörnum noch in den dreißiger Jahren nur eine Handvoll Einwohner, die sich aber dank Leuchtturm den Luxus einer eigenen Volksschule leisten konnten. Das eiserne Bauwerk bot genügend Platz für die Einrichtung eines Klassenzimmers, in dem die beiden schulpflichtigen Kinder des Ortes Schreiben, Lesen und Rechnen lernten.

Lichtblick: Leuchtturm unter Denkmalschutz

Ortswechsel. Von der Insel Sylt führt die Leuchtturm-Reise mit der Mercedes-Benz A-Klasse über Flensburg an einen besonders ruhigen und beschaulichen Abschnitt der Ostseeküste. 54 Grad, 46 Minuten Nord, 9 Grad,

Signal an der Förde: Der Leuchtturm Bülk wurde 1865 mit Backsteinen errichtet. Seine roten, grünen und weißen Lichtsektoren bringen Schiffskapitäne auf richtigem Kurs zum Ostseehafen Kiel.

58 Minuten Ost – so lautet die genaue Position des Leuchtturms Falshöft, der Schiffen den Weg in die Flensburger Förde weist. Auch dieses Bauwerk stammt aus der Produktion der Isselburger Gußeisenhütte, steht aber im Gegensatz zu den meisten Nordseetürmen unter Denkmalschutz. Das bedeutet: Im Inneren des 24 Meter hohen Leuchtturms blieb alles beim alten. Sogar der Aufenthalts- und Schlafraum der Wachmannschaft entspricht noch dem Originalzustand und gibt einen Eindruck vom kargen Dasein der Leuchtturmwärter wieder: Ein Etagenbett, zwei Stühle, ein Tisch, ein Kleiderschrank, ein Waschbecken und ein paar winzige Bullaugen als Fenster – viel mehr hatten die Männer nicht, um es sich gemütlich zu machen.

Vom Feinsten war allerdings die Technik, die bereits 1910 in der Leuchtturmspitze installiert wurde: Ein aufwendiges Linsensystem nach dem Prinzip des Franzosen Fresnel bündelt das Licht der 1000-Watt-Glühlampe und schickt es kilometerweit aufs Meer hinaus. Die zweite Lampe schaltet sich bei einem Defekt automatisch ein und wird mit Hilfe eines Drehtellers exakt im Brennpunkt der Linse positioniert. Von einem solchen Lampenausfall oder anderen Störungen erfahren die Fachleute des zuständigen Wasser- und Schiffahrtsamtes heute per Funk oder Telefonleitung. Sensoren überwachen die komplette Leuchtfeuertechnik und melden sogar, wenn das Blinkzeichen auch tagsüber – beispielsweise bei schlechtem Wetter – eingeschaltet werden muß. Die moderne Kommunikationstechnik hat den Falshöfter Leuchtturmwärter schon zu Beginn der siebziger Jahre abgelöst.

Lichtzeichen: Seefahrer-Romantik und Technik-Faszination

Eine eher unscheinbare Leuchtturm-Rarität finden wir nördlich des ehemaligen Olympiahafens Kiel, nahe der Ortschaft Strande. Der schwarzweiße Turm Bülk ist zwar nur 29 Meter hoch, zählt aber zu den ältesten Deutschlands. Vor 132 Jahren wurde sein Licht zum ersten Mal eingeschaltet, um Schiffen die Einfahrt in die Kieler Förde zu erleichtern.

Leuchttürme sind Anziehungspunkte. Nicht nur Seefahrer, auch Landratten halten nach ihnen Ausschau und stehen oft bewunderungsvoll am Fuße der markanten Gebäude oder schauen ihrem immer wiederkehrenden Lichtspiel aus der Ferne zu. Leuchttürme wecken Träume. Manche bekommen Fernweh, manche denken an vergangene Zeiten zurück, als die Seefahrt noch ein Abenteuer war, und andere lassen sich von der Technik faszinieren, die seit Jahrzehnten mit gleichbleibender Präzision für die Lichtzeichen sorgt.

Leuchttürme sind ein Stück maritimer Nostalgie – jeder hat seine eigene Geschichte, jeder symbolisiert zugleich ein Stück Zeit- und Technikgeschichte. Das macht die Reise zu den blinkenden Riesen an der Nord- und Ostseeküste um so interessanter.

Harter Einsatz

Von den Alpen bis ins Tal des Todes: Die A-Klasse in der Bewährungsprobe

Alpen-Durchquerung in Ost-West-Richtung: 13 Pässe in drei Tagen, 1200 Kilometer durch Österreich, Italien, Frankreich und die Schweiz: Im Sommer 1996 bewährte sich die neue A-Klasse bei einem Extremtest auf den höchstgelegenen Straßen der Alpen.

S MH 214

S MH 214

Vespas auf Tuchfühlung: Im dichten Stop-and-go-Verkehr der italienischen Hauptstadt bewies die A-Klasse ihr Können als wendiger Kompaktwagen mit mercedestypischen Qualitäten.

Temperatur-Strapaze am Mont Ventoux: Auf der steilen Bergstraße im Süden Frankreichs erhitzten Mercedes-Ingenieure den Motor und einzelne Bauteile der A-Klasse bis zur Belastungsgrenze, um den Kunden auch in extremen Situationen wirksame Aggregate-Kühlung zu garantieren.

Blutdruckmessung im Dienst der Wissenschaft: In der glühenden Hitze des Death Valley untersuchten Forscher von Daimler-Benz, wie die Klimaanlage der A-Klasse Kondition und Fahrsicherheit steigert.

VALLEY

Mittwoch morgen, 7.30 Uhr vor dem Hotel Daniel in Graz. Lagebesprechung dreier Mercedes-Mitarbeiter in geheimer Mission. Sie sind mit zwei getarnten Vorserien-Exemplaren der neuen A-Klasse unterwegs, auf die in den nächsten Tagen eine besondere Test-Strapaze wartet: Zuerst die Alpen-Durchquerung in Ost-West-Richtung – von Graz nach Genf und daran anschließend eine einwöchige Stadterprobung in Rom.

Warum das Ganze? „Das ist für uns eine Art Abschlußprüfung vor dem Serienstart", erklären die professionellen Autotester. „Eine Praxis-Erprobung unter kundennahen Bedingungen und eine Simulation extremer Alltags-Situationen, die unsere A-Klasse ebenso meistern muß wie jeder andere Mercedes-Benz."

Zwei Vorserien-Exemplare des neuen Modells gehen in Graz an den Start: der A 140 mit dem 82 PS starken 1,4-Liter-Motor und sein stärkerer Bruder, der A 160 mit dem 102-PS-Triebwerk. Die Ingenieure kennen beide Typen zwar längst in- und auswendig, doch dieser Dauertest stellt aufs neue eine Besonderheit im Test-Tagebuch der A-Klasse dar. Der Grund: Mit dieser Tour endet die Prototypen-Phase – der silberne A 160 ist das allererste Vorserien-Auto, das anders als die Prototypen nicht mehr aus handgefertigten Teilen, sondern überwiegend bereits aus Serienkomponenten besteht. Das gibt der Alpen-Testfahrt einen zusätzlichen Reiz.

Die Reise beginnt mit einer Runde zum Warmwerden. 150 Kilometer Autobahn von Graz nach Klagenfurt und nochmal 30 Kilometer bis Villach – genauer gesagt: bis zur Ausfahrt Arnoldstein, wo das Test-Team auf die Karnische Dolomitenstraße abbiegt. Bis dahin verläuft alles wie am Schnürchen. Die Ingenieure nutzen die Autobahn-Etappe, um vor allem den Motoren auf den Zahn zu fühlen. Ein paar Stunden später sind bereits rund 350 Kilometer zurückgelegt. Die Testwagen erreichen San Stefano, einen kleinen Ort

**Große Bergfahrt:
Von Graz über Cortina d'Ampezzo zu den 48 Kehren am Stilfser Joch.**

am Westzipfel der Karnischen Alpen. Erster Tankstopp: Die Testwagen parken vor einer einzelnen Zapfsäule am Straßenrand. Tankwart Antonio reibt sich die Augen, staunt einen kurzen Moment lang, und dann ist für ihn alles klar: „Mercedes!" urteilt er fachmännisch trotz der Tarnung an Front- und Heckpartie der A-Klasse. Die Hoffnung auf ein großes Geschäft muß Antonio aber bald begraben: Nur 25 Liter passen in den Tank des A 140, und beim A 160 bleibt die Zapfsäule nach 27 Litern stehen. Antonio ist ein bißchen enttäuscht und kann das zufriedene Lächeln der Testingenieure nicht begreifen. „Das sind rund 7,1 Liter auf 100 Kilometer", hat einer von ihnen bereits ausgerechnet. Bei der flotten Fahrweise auf der Autobahn und auf den Bergstraßen ein sehr gutes Ergebnis.

Erstes Etappenziel: Cortina d'Ampezzo

Doch das eigentliche Hochgebirge haben die Mercedes-Tester noch vor sich. Die Berge werden noch schroffer, noch bizarrer und noch höher – die Dolomiten kündigen sich an. Cortina ist das Ziel der Testfahrer, das sie über den 1805 Meter hohen Passo Tre Croci erreichen. Punkt 17 Uhr verschwinden die beiden Versuchswagen in der Tiefgarage des Hotels. Exakt 393 Kilometer der Alpen-Testfahrt sind bis jetzt zurückgelegt. Am nächsten Morgen heißt es früh aufstehen. Die längste Etappe der dreitägigen Testfahrt liegt vor dem Mercedes-Team: rund 475 Kilometer von Cortina bis Andermatt. Um

**Schöne Tour:
Von Andermatt über den Furka-Paß bis nach Chamonix und weiter an den Genfer See.**

6.10 Uhr werden die Motoren gestartet, und wenig später erklimmen die Autos bereits die Kehren des 2 233 Meter hohen Passo di Giau. Hier ist der kompakte Frontriebler in seinem Element. „Das Auto macht in den Kurven richtig Spaß. Es ist wendig, leicht zu beherrschen, und der Motor hängt gut am Gas", gibt einer der Tester per Tonband zu Protokoll. Über Canazei und Vigo di Fassa geht's weiter zum fünften und sechsten Paß der Alpen-Testfahrt, dem Passo di Costalunga (Karer-Paß) und dem Passo Nigra (Niger-Sattel). Bozen lautet das nächste Etappenziel der Testfahrer. Hier haben sie den tiefsten Punkt ihrer Alpen-Tour erreicht, denn die Provinz-Hauptstadt liegt nur 265 Meter hoch. Kurze Zeit später taucht der Wegweiser „Stilfser Joch – Passo dello Stelvio" auf. Die zweithöchste Paßstraße der Alpen wartet auf die beiden A-Klasse-Modelle: 48 enge Kehren führen bis zum Scheitelpunkt in 2 758 Meter Höhe. Nur: Der Traum eines jeden Autofahrers, auf dieser Strecke die Durchzugskraft seines Wagens zu testen, zerplatzt schon auf den ersten Kilometern wie eine Seifenblase: Auf der Paßstraße herrscht ein regelrechtes Verkehrschaos. Dutzende von Auto-Touristen, Motorrad-Fans und Radfahrern drängeln sich in den Kurven, so daß oft nur Schleichtempo möglich ist. „Das ist genau die Extremsituation, die wir suchen", freuen sich die Mercedes-Ingenieure. „15 Prozent Steigung, zahllose Kurven, und das alles über 18 Kilometer im ersten oder zweiten Gang. Purer Streß für Motor, Kühlsystem, Kupplung und Getriebe."

Eine dreiviertel Stunde später ist der Umbrail-Paß und mit ihm die Grenze zur Schweiz erreicht. Die folgenden 16 Kilometer Gefällstrecke sind

wieder ganz nach dem Geschmack der professionellen Auto-Tester – vor allem die staubige Naturstraße, die das richtige Terrain für eine kurze Fahrwerkserprobung darstellt. Hier müssen Federn und Stoßdämpfer zeigen, was sie können. Schlucken sie die Fahrbahnunebenheiten? Reichen die Federwege? Bietet die Feder- und Dämpfer-Einstellung genügend Komfort? Fragen, die sich die Versuchsingenieure hier freilich nicht zum ersten Mal stellen, sondern die bereits bei vielen anderen Testfahrten diskutiert und beantwortet wurden. Das Ergebnis bewährt sich auch diesmal. Die Kombination von McPherson-Vorderachse und Längslenker-Hinterachse bietet ein hohes Maß an Fahrdynamik und Fahrkomfort.

Über den Ofenpaß (2 149 Meter) geht's auf gut ausgebauten Straßen weiter in Richtung Oberengadin – zum Albulapaß und weiter in Richtung Tiefencastel, Thusis und Chur. In der Ortschaft Bonaduz biegen die Versuchswagen links ab zum Oberalp, dem elften Paß auf der Alpen-Testfahrt. Um zwanzig vor acht ist die Paßhöhe auf 2 048 Meter erklommen, und eine halbe Stunde später erreichen die Mercedes-Mitarbeiter endlich das Städtchen Andermatt, wo die zweite Etappe endet. Rund 900 Kilometer haben die beiden Versuchswagen seit Graz abgespult – die schwierigsten Teilstücke mit den höchsten und steilsten Paßstraßen liegen bereits hinter ihnen. Am nächsten Morgen geht's von Andermatt schnurstracks zu einer der schönsten Alpenstraßen, der Furka-Strecke. Mit den ersten Sonnenstrahlen, die den Osthang des 2 431 Meter hohen Passes erwärmen, suchen die Mercedes-Leute nach einer geeigneten Stelle, um noch einmal ein paar Messungen zu machen. Gut eine Viertelstunde dauert die Kontrolle, dann tippt ein Ingenieur die aktuellen Daten in den Computer ein und gibt das Zeichen zum Weiterfahren. Am Rhone-Gletscher vorbei schlängelt sich die Paßstraße jetzt in gut ausgebauten Serpentinen hinunter ins Wallis, wo es weiter Richtung Brig und Sion geht. In Martigny verlassen die Mercedes-Testfahrer die Autobahn und steuern auf den letzten Paß ihrer dreitägigen Tour zu: den 1526 Meter hohen Col de la Forclaz, der die Schweiz mit dem französischen Wintersportgebiet am Mont Blanc verbindet. „Chamonix 18 km“ heißt es auf dem Wegweiser jenseits der Grenzstation. Die zweimalige Olympia-Stadt und Ausgangspunkt für Mont-Blanc-Bezwinger ist der vorletzte Haltepunkt auf der Testfahrt. Von hier geht es via Autobahn dem Ziel entgegen: Genf.

Abends um halb sieben treffen die Mercedes-Versuchswagen in der Stadt am Westufer des Lac Léman ein, und für die Testmannschaft ist es Zeit, eine erste Bilanz ihrer Tour zu ziehen: knapp 1 200 Kilometer auf Alpenstraßen durch vier Länder; 13 Pässe mit Steigungen von bis zu 17 Prozent und Höhenunterschiede von rund 2 500 Metern. Und die A-Klasse? „Wir sind sehr zufrieden“, urteilen die Ingenieure. „Von ein paar Kleinigkeiten abgesehen, die wir zu den Kinderkrankheiten eines Vorserien-Modells zählen, hat auch diese Versuchsfahrt bewiesen, daß unser Kleinster in puncto Zuverlässigkeit, Komfort und Fahrspaß ein Großer ist.“

Italienischer Alltag: Testfahrt über die Via Appia und durch den Stadtverkehr Roms.

Zweiter Teil: Giro di Roma

Doch die Dauer-Strapaze ist noch nicht zu Ende. Am nächsten Morgen starten die Tester Richtung Rom, wo sie spät nachts eintreffen. Nach einem Ruhetag in der Ewigen Stadt geht die Test-Tortur für die A-Klasse am folgenden Morgen weiter. Sieben Uhr. Großstadt-Erprobung nennen die Ingenieure das nun folgende Programm lapidar. Übersetzt heißt das, die Vorserien-Fahrzeuge tagelang und pausenlos der Tortur des Stop-and-go, der Staus, der kurzen Sprints an den Ampeln, der engen Gassen und dem flotten Tempo auf den Stadtautobahnen auszusetzen. Die Ingenieure steuern den A 140 und A 160 zügig durch die winkligen Straßen zur Via del Tritone und weiter zur Piazza di Spagna. Frühmorgens ist es vor der spanischen Treppe noch ruhig. Die Sonnenstrahlen streichen erst über die Dachterrassen der gegenüberliegenden Häuser. Aber ein paar Meter weiter, bei der Piazza del Popolo, hat der Berufsverkehr schon höchste Intensität erreicht. Der Streß der quirligen Großstadt fängt die Auto-Tester ein. 500er Fiats bringen ihre Fahrer zur Arbeit, mit Gemüse beladene Dreiräder eilen dem Markt entgegen, Mopeds und Motorroller umschwirren die Testkolonne von allen Seiten. Die Mercedes-Leute nehmen es gelassen. Während sie den Tiber überqueren und sich dem wuchtigen Castel Sant'Angelo nähern, sind alle ihre testerfahrenen Sinne gespannt: Klappert da eine Tür, was macht der Verbrauch, wie ist die Motortemperatur, arbeitet die Klimaanlage korrekt? Immer wieder arbeiten sie ganze Checklisten ab.

Altes Pflaster: Testfahrt auf der Via Appia

Die erste Runde führt den Tiber entlang, wieder zurück auf die andere Seite hinüber zur Via Appia Antica, die regina viarum – die Königin aller Straßen. Seit dem Jahr 312 vor Christus führt sie nach Capua und seit 194 vor Christus sogar ins 520 Kilometer entfernte Brindisi – eine Strecke, für welche die Legionäre 13 Tagesmärsche veranschlagten. Heute säumen dicht bewachsene Gärten, halbverfallene Mauern und Grabdenkmäler aus Zeiten des römischen Reiches das schmale Sträßchen. Die Test-Crew der A-Klasse kann sich freilich selten erlauben, historischen Betrachtungen nachzuhängen. In Gedanken immer den „worst case" vor Augen, den schlimmsten Fall, der bei einem sorglosen Kunden ohne jedes Technikverständnis eintreten könnte, beschließen sie ein besonderes Experiment, als sie einen Melonenstand am grünen Rand der ehrwürdigen Straße entdecken. „Wie viele der saftigen grünen Wassermelonen können wir zuladen, bis die Federung am Ende ist?" stellen sie sich als Aufgabe. Rund zehn bis fünfzehn Kilogramm wiegt eine der monumentalen Früchte, die in der Sonnenglut vom Lkw von Giovanni und Silvia in den Kofferraum der A-Klasse umgeladen werden. Nach der 45. Melone geben sie auf – es ist immer noch Federweg vorhanden.

Einige Kilometer später wird's technischer: Die Drehstäbe müssen getauscht werden. Sie haben auf Testfahrten bereits ein Autoleben hinter sich gebracht, und ihre Kugelköpfe könnten anfangen Geräusche zu machen. „Kein Sicherheitsproblem", erklärt einer der Ingenieure, „aber wir müssen

Ungewöhnliche Methoden: Handarbeit bei der Reparatur eines Bauteils und Beladungstest am Melonenstand vor den Toren Roms.

im Vergleich mit neuen feststellen, ob sie wirklich langsam lauter werden. Denn einen Kunden kann das irritieren, und dann geht er genervt zur Werkstatt. Das wollen wir ihm ersparen.“ In einer knappen Dreiviertelstunde sind die Vorderräder abgenommen und die Drehstäbe ausgewechselt. Anschließend geht's rund ums Kolosseum. Junge Mädchen auf Motorrollern fahren neugierig neben den Testwagen her, wollen alles über die Technik wissen: „Wieviel Hubraum? Und PS? ...“

Längst kann jedes Mitglied des Test-Teams derartige Fragen problemlos auch auf italienisch beantworten. In der Ewigen Stadt finden aufregende Autos eben immer mühelos ihr Publikum – egal, wo und wann sie auftauchen.

Lange Steigung: Temperaturmessung am Mont Ventoux

Ortswechsel: Zur gleichen Zeit, als sich die beiden Vorserien-Testwagen durch den Stadtverkehr von Rom quälen, sorgt ein anderer Mercedes-Ingenieur auf der südfranzösischen Landstraße D 974 mit der A-Klasse für Aufsehen. Autofahrer, die ihn überholen, schütteln verständnislos den Kopf, halten den Deutschen für einen blutigen Anfänger. Denn statt zügig die Bergstraße hinaufzukurven, kriecht er im Schleichtempo nach oben. Er schaltet nicht hoch, sondern quält den Motor im ersten Gang mit Höchstdrehzahl zur Paßhöhe. Dort parkt er seinen Wagen mit kochend heißem Motor im Windschatten einer hohen Mauer und genießt betont unbekümmert den Panoramablick.

Steile Auffahrt: Elf Kilometer im ersten Gang auf den südfranzösischen Mont Ventoux.

Digitale Datenflut:
Rund ein Kilometer Meßkabel unter dem Blechkleid und Hochleistungscomputer im Kofferraum.

Keine schlechte Aussicht vom 1909 Meter hohen Mont Ventoux. Der Berg in Südfrankreich, rund 100 Kilometer nördlich von Marseille, ragt mit seinen milchig-weißen, baumlosen Steinfeldern wie eine Schneekuppe über die niedrigeren, sattgrünen Nachbargipfel hinaus. Ringsum Bilderbuch-Panorama: Dichte Wälder und tiefe Schluchten, in der Ebene gepflegte Weinlagen mit klangvollen Namen und malerische Dörfer, in denen südfranzösische Lebensart noch lebendig ist. Doch das interessiert den Mercedes-Ingenieur kaum. Er ist aus einem ganz anderen Grund hier: Temperatur-Meßfahrt mit der neuen A-Klasse.

Am Mont Ventoux schätzen die Stuttgarter Auto-Experten eine geologische Besonderheit: die konstante Steigung auf der rund elf Kilometer langen Südanfahrt zur Scheitelhöhe. Diese Dauer-Steigung ist nämlich ideal, um die Kühlung einzelner Bauteile, etwa Wasser- und Ölkreislauf, Auspuff und Getriebe sowie die Luftdurchströmung des gesamten Motorraums unter Höchstbelastung mit genügend großer Meßgenauigkeit zu testen. Kaum ein stationärer Prüfstand bietet bessere Arbeits- und Prüfbedingungen als dieses Freiland-Labor im Süden Frankreichs.

Die Arbeitsergebnisse sind am Mont Ventoux aber ebenso zuverlässig und präzise wie in einem abgeschotteten Labor. Denn ohne High-Tech und computergestützte Präzisionsarbeit läuft bei Daimler-Benz auch auf der steilen französischen Landstraße nichts. Rund 270 Fühler und Sensoren haben die Ingenieure in jedem A-Klasse-Prüfling montiert. Alle über und unter dem Blech gesammelten Daten jagen durch Hunderte von grünen, sorgsam verlegten Kabeln, die zusammen mehr als einen Kilometer lang sind. Knotenpunkt für alle Informationsleitungen ist der Kofferraum der A-Klasse. Dort

Hohe Belastung: Konditionstest bei Außentemperaturen von bis zu 54 Grad Celsius.

liegen, in stabilen Metallgestellen fest verankert, leistungsfähige Datenspeicher und Rechner, die alle Infos sammeln und noch während der Meßfahrt auswerten. Gleichzeitig funkt ein Sender die digitale Datenflut ins Tal, wo sie in einem Container empfangen werden. Die stählerne Box ist groß wie eine Garage, aber mit Computern und Elektronik bis zur Decke vollgestopft. Von hier aus können alle beteiligten Mercedes-Ingenieure die Zustandsberichte abrufen, per Telefonleitung aus dem Entwicklungszentrum in Sindelfingen ebenso wie per Funk über einen Laptop an der Strecke oder in der Werkstatt. Das ist reinrassige Formel-1-Technik. Kleiner Unterschied: Bei den Meßfahrten der A-Klasse fließen etwa zehnmal mehr Info-Daten als bei der Telemetrie in der Königsklasse des Motorsports.

Heißer Job: Herzfrequenz-Messungen im Tal des Todes

Um Hitze und deren Auswirkungen geht es auch bei den Tests in einem anderen Teil der Erde: im amerikanischen Death Valley. 54 Grad Celsius im Schatten zeigt das Thermometer hier regelmäßig während der Sommermonate an – wenn man in der Wüstengegend überhaupt Schatten findet. An diesen heißen Ort sind neben den Testingenieuren auch Forscher von Daimler-Benz geflogen, um sich mit einem Thema zu beschäftigen, das für die Automobilentwicklung immer wichtiger wird: der sogenannten Kon-

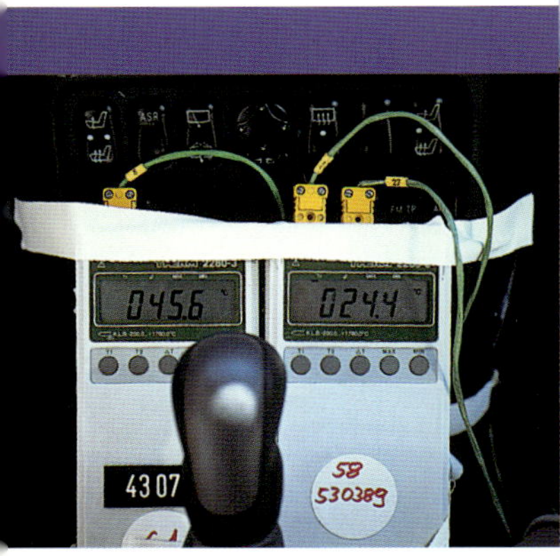

Leistungsfähige Klimaanlage: Bei 45,6 Grad Celsius Außentemperatur Abkühlung des Innenraums auf 24,4 Grad.

ditions-Sicherheit. Gemeint ist die psychische und physische Leistungsfähigkeit des Autofahrers, die sich auf sein Fahrvermögen auswirkt. Die Wissenschaftler untersuchen, wie sich die Kondition der Passagiere durch den Einsatz moderner Systeme steigern läßt – beispielsweise durch perfekten Sitzkomfort, gute Sichtverhältnisse, leicht bedienbare Schalter, ein niedriges Geräuschniveau, selbständig arbeitende Systeme, welche dem Fahrer weniger Bedienungsschritte abverlangen, und durch ein angenehmes Raumklima.

Der Klima-Aspekt stand bei den wissenschaftlichen Untersuchungen im Death Valley auf dem Programm. Mercedes-Testingenieure vergießen ihren Schweiß, um die medizinische Wirksamkeit der Klimaanlage in der neuen A-Klasse nachzuweisen. Elektroden am Körper erfassen während der Fahrt sowohl die Herzfrequenz als auch die Änderung der Muskelspannung. Beides sind Meßgrößen, die in direktem Zusammenhang mit der Konditions-Sicherheit stehen.

Zu Beginn des Versuchs haben die Forscher bei einem der Testfahrer einen Puls von beruhigenden 85 Schlägen pro Minute gemessen. Jetzt steigt er auf durchschnittlich 90. Der Mann am Steuer ist schweigsamer geworden, bewegt sich kaum noch. Es kostet ihn sichtlich Kraft, sich auf das Fahren zu konzentrieren. Immer wieder greift er zur Wasserflasche. Diese Flüssigkeitszufuhr ist lebensnotwendig. Sie läßt den Schweiß fließen und hilft so dem Körper, seine Temperatur im erträglichen Rahmen zu halten. Auch das Herz hilft beim Kühlen und preßt das Blut in immer schnellerem Rhythmus durch die Adern.

Nach 42 Minuten Fahrt messen die Instrumente innen 51,2 Grad, außen 54 Grad. Der Puls hat sich im Durchschnitt auf 94 Schläge gesteigert, die Muskelanspannung erreicht ebenfalls Höchstwerte. Der Testingenieur erlebt jetzt hohen Streß, der sich auch beim Fahren bemerkbar macht. Er weicht auf der Straße liegenden Gesteinsbrocken manchmal später und mit heftigeren Lenkbewegungen aus als sonst, durch Kurven steuert er das Auto nicht immer im gewohnt runden Fahrstil. Kurz darauf die Erlösung. Der Testplan erlaubt es endlich, die Klimaanlage einzuschalten. Schon nach wenigen Metern zeigen die Sensoren sinkende Temperaturen im Innenraum an: 33 Grad nach einer Viertelstunde Kühlung. Die Situation hinter dem Lenkrad entspannt sich langsam. Der Fahrer greift seltener zur Wasserflasche, sein Fahrstil gewinnt die alte Souveränität zurück, und die Herzfrequenz sinkt nach einigen Minuten auf normale 75 Schläge pro Minute.

Später am Abend hat der Computer die Messungen des Tages ausgewertet und als signifikante Kurven auf sein Display gezaubert. Die Aussagen sind eindeutig: Sobald die Klimaanlage ihre Arbeit aufnimmt, ist der Fahrer konzentrierter und fährt sicherer, kleine Fahrfehler werden seltener. „Eine Klimaanlage ist auch für die A-Klasse eine sinnvolle Sache“, ziehen die Daimler-Wissenschaftler ein erstes Resümee. „Schließlich hat der neue kleine Mercedes-Benz trotz seines kompakten Äußeren einen ebenso großen Innenraum wie eine Mittelklasse-Limousine.“

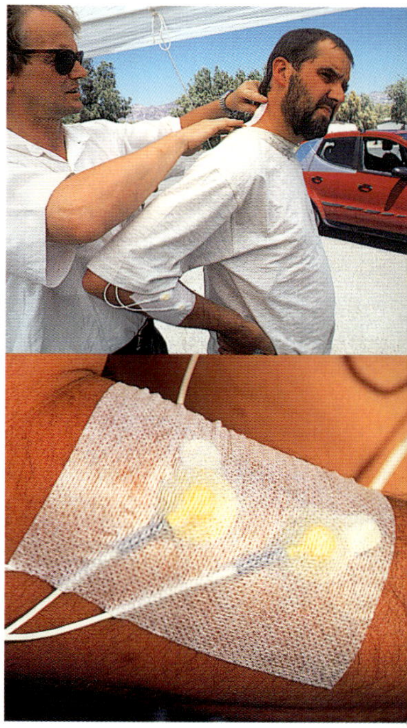

Hautnahe Kontrolle: Elektroden zur Erfassung von Herzfrequenz und Muskelspannung.

Konditionsvorteile durch Klimaanlage:
Herzfrequenz sinkt bei geringerer Innenraumtemperatur

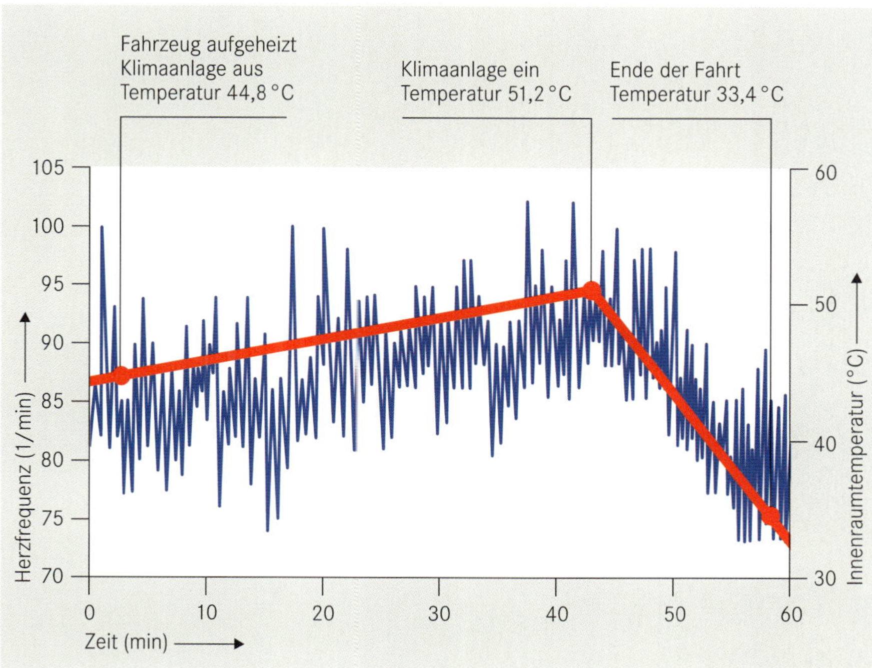

Neue Perspektiven

Mit dem neuartigen Sandwich-Konzept setzt die A-Klasse Akzente – vor allem auf dem Gebiet der Sicherheit. Doch die Karosserie des neuen Mercedes-Modells hat auch viele andere Qualitäten.

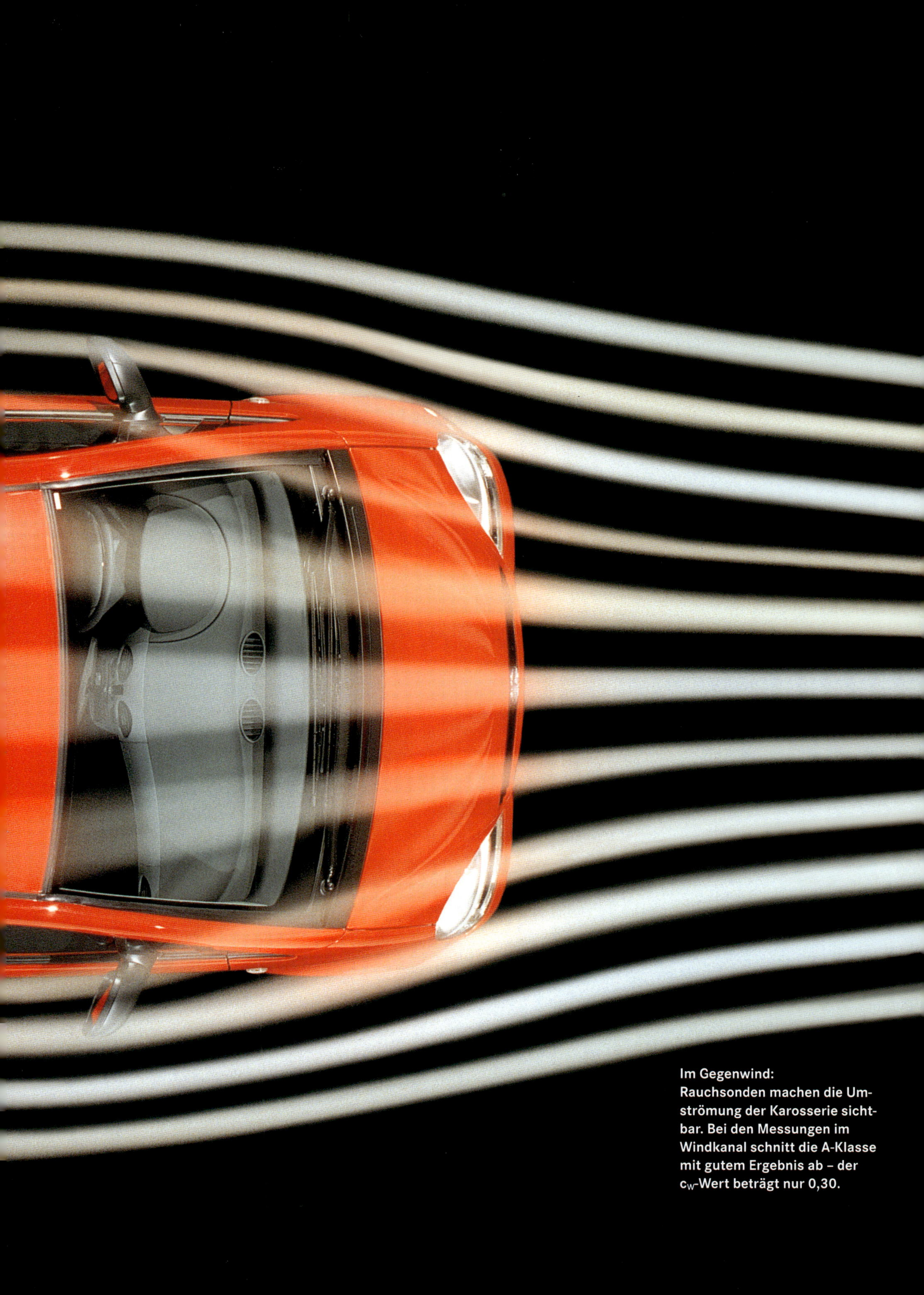

Im Gegenwind:
Rauchsonden machen die Umströmung der Karosserie sichtbar. Bei den Messungen im Windkanal schnitt die A-Klasse mit gutem Ergebnis ab – der c_W-Wert beträgt nur 0,30.

Neue Maße setzen auf dem Automobilmarkt Akzente: 3 575 - 1 719 - 1 598 - das sind die Karosserie-Kennzahlen der Mercedes-Benz A-Klasse: 3 575 Millimeter kurz, 1 719 Millimeter breit und 1 598 Millimeter hoch. Hinter diesen Zahlen verbirgt sich etwas Einzigartiges: das Sandwich-Konzept, das die platzsparende und crashsichere Unterbringung von Motor, Getriebe und Achsen teils vor, teils unter der Fahrgastzelle ermöglicht. Dadurch rücken die Passagiere der A-Klasse eine Etage nach oben und sitzen rund 20 Zentimeter höher als normalerweise bei Personenwagen üblich. So hebt sich das neue Mercedes-Modell buchstäblich von anderen Autos ab und wird zu einem „überragenden" Ereignis auf unseren Straßen.

Die Karosseriehöhe von 1 598 Millimetern macht die A-Klasse zwar unübersehbar, aber keineswegs unüberschaubar. Im Gegenteil: Durch die hohe Sitzposition hat der Autofahrer einerseits eine tadellose Übersicht über das Verkehrsgeschehen und profitiert auch beim Einparken oder Rangieren von seinem „Hochsitz", andererseits bereitet ihm das neue Mercedes-Modell keine Parkprobleme - es paßt in fast jede Lücke. Denn mit ihren Idealmaßen 3 575 - 1 719 - 1 598 beansprucht die A-Klasse rund ein Fünftel weniger Verkehrsfläche als eine Mittelklasse-Limousine - 6,15 Quadratmeter -, bietet aber trotzdem die Sicherheit, den Raumkomfort und die Variabilität eines größeren Automobils.

Trägerkonstruktion wie die Sprossen einer Leiter

Der Boden des um 20 Zentimeter angehobenen Fahrgastraumes der A-Klasse ist von vorne bis hinten vollständig glatt und eben. Weder ein Tunnel noch hochgezogene Türschweller schmälern die Fläche zwischen Stirnwand und Heckklappe. Zudem weist kein anderes Automobil der 3,60-Meter-Klasse einen kürzeren Vorbau und einen kürzeren Heckboden auf. Eine selbsttragende Stahlkarosserie mit diesen innovativen Merkmalen erfordert allerdings eine ungewöhnliche Trägerkonstruktion, um hohe Werte für Steifigkeit und Festigkeit zu garantieren. Die Lösung in der A-Klasse: U-förmige Träger aus höherfestem Stahlblech sind wie die Holme und Sprossen einer Leiter von unten mit dem Bodenblech verschweißt.

Die beiden Längsträger, das Rückgrat der Bodenstruktur, laufen völlig geradlinig vom Frontende bis zum hinteren Querträger des Stoßfängers und garantieren dadurch höchstmögliche Steifigkeit. Im Bereich der vorderen und hinteren Sitze sind drei „Leitersprossen" als Sitzquerträger verschweißt. Sie werden rechts und links über die Holme hinaus nach außen fortgeführt und stützen so zusätzlich die Längsträger ab. Ein weiterer Querträger bildet unmittelbar vor der Reserveradmulde den hinteren Abschluß des Bodenblechs. In diesen vier Sprossen der leiterförmigen Trägerstruktur sind die Konsolen für die Front- und Fondsitze verankert.

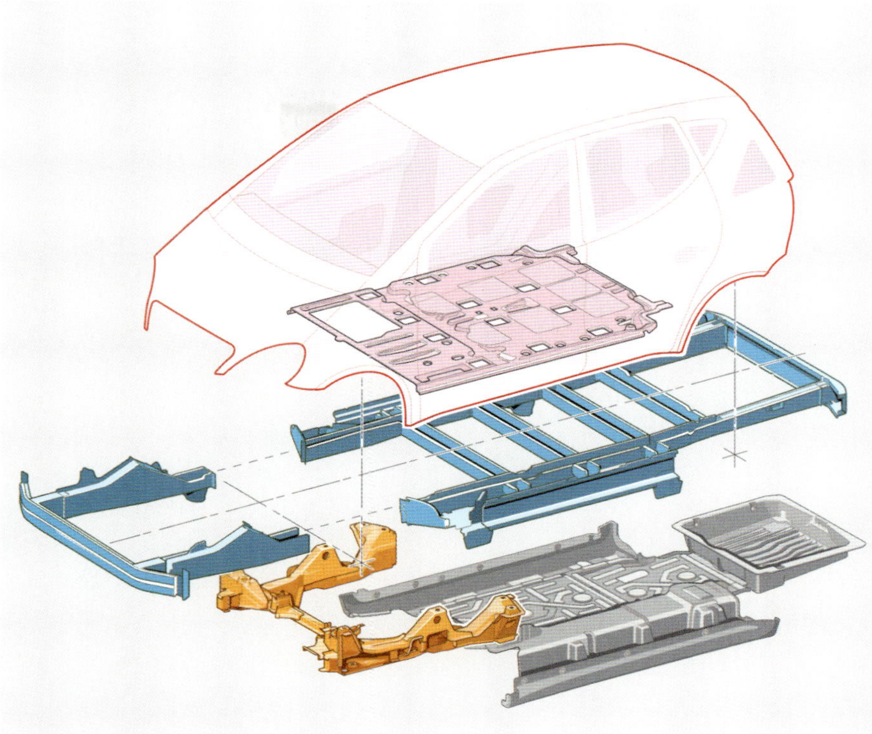

Auf stabiler Grundlage:
Ein stabiler, leiterförmiger Verbund von Längs- und Querträgern bildet das Rückgrat der Karosseriestruktur.

Crash-Boxen aus Aluminium im Vorbau

Vorne schließt ein besonderes Frontmodul den leiterförmigen Unterbau ab. Es besteht aus einem Querträger und zwei Crash-Boxen aus Aluminium-Kastenprofilen. Ihr Leichtbau-Werkstoff bringt rund 40 Prozent weniger Gewicht auf die Waage als vergleichbare Bauteile aus Stahl. Ein weiterer Vorteil ist die reparaturfreundliche Konstruktion des Frontmoduls, das sich nach einem Unfall schnell auswechseln läßt (siehe auch Technik-Info auf Seite 71). Der Austausch der vorderen Kotflügel ist nach Mini-Karambolagen oft gar nicht erforderlich. Egal, ob ein unsanfter Stoß gegen die eigene Garagenwand oder ein „Parkplatz-Rempler", bis Tempo 15 bleibt keine Beschädigung zurück. Der Grund: Für die vorderen Kotflügel der A-Klasse setzt Daimler-Benz erstmals in der Großserie einen thermoplastischen Kunststoff ein: Polyamidblend. Dieses Material bietet eine hohe Wärmeformbeständigkeit und zugleich eine gute Schlagzähigkeit bei tiefen Temperaturen. Für Autobesitzer ein doppelter Vorteil: Zum einen deformieren sich die vorderen Kotflügel bei einem 15-km/h-Aufprall nur leicht und nehmen anschließend automatisch wieder ihre ursprüngliche Form an – Ausbeulen und Lackieren ist überflüssig. Zum anderen sind die Kunststoff-Kotflügel etwa zwei Kilogramm leichter als Stahl und tragen so zur Gewichts- und Kraftstoffersparnis bei.

Aus leichtem Material: Moderne Karosserie-Werkstoffe helfen, Gewicht abzuspecken. Das Frontmodul (rechts) besteht aus Aluminium, während Heckklappe und vordere Kotflügel aus Kunststoff hergestellt werden.

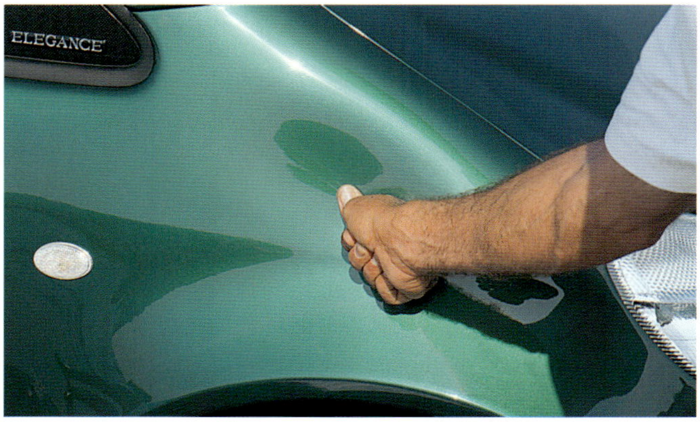

Auch die Heckklappe bleibt von kleinen Karambolagen völlig unbeeindruckt. Nach dem sogenannten Heck-Reparatur-Crash, bei dem ein 1000 Kilogramm schwerer Stoßwagen mit 15 km/h bei 40prozentiger Überdeckung gegen die Karosserie prallt, sind keine Spuren an der Heckklappe sichtbar. Die Ursache liegt nicht nur im nachgiebigen Kunststoffmaterial, das bei gleicher Größe rund 25 Prozent weniger wiegt als Stahl. Ebenso wichtig für den folgenlosen Tempo-15-Crash ist ein besonderer Trick der Mercedes-Ingenieure, die auf diese Weise mit dem Leichtbau-Werkstoff besonders pfiffig und sparsam umgehen: Das einteilige Tragteil aus glasmattenverstärktem Thermoplast an der Innenseite ist nur dort verstärkt, wo es erforderlich ist.

Technik-Info Front- und Heckmodul: Konstruktionen, die den Geldbeutel schonen

Neben hervorragendem Deformationsverhalten beim Frontal-Crash bietet das Frontmodul der A-Klasse vor allem deutliche Vorteile bei der Reparatur von Unfallschäden. Denn: Die Aluminium-Crash-Boxen sind durch Schrauben mit den Längsträgern verbunden, so daß Werkstattmechaniker sie nach einem Unfall schnell austauschen können. Gleiches gilt für das stählerne Teil des Frontmoduls, an dem im oberen Bereich Scheinwerfer und Kühler befestigt sind. Es läßt sich ebenfalls ohne Schweißarbeiten wechseln. Kraftniveau und Energieaufnahme der vorderen Karosserieteile sind so bemessen, daß sich die Verformungen der Trägerstruktur beim sogenannten 15-km/h-Reparatur-Crash mit 40prozentiger Überdeckung gegen die starre Barriere ausschließlich auf das Alu-Frontmodul beschränken. Die nachgeordnete Trägerstruktur bleibt unbeschädigt.

Auch der hintere Querträger der A-Klasse absorbiert beim leichten Heck-Crash Aufprallenergie: Hinter der vierten Quersprosse sind Längs- und Querträger mit speziellen Konsolen verbunden, die sich gezielt verformen, dabei Aufprallenergie verzehren und bei Bedarf kostengünstig erneuert werden können.

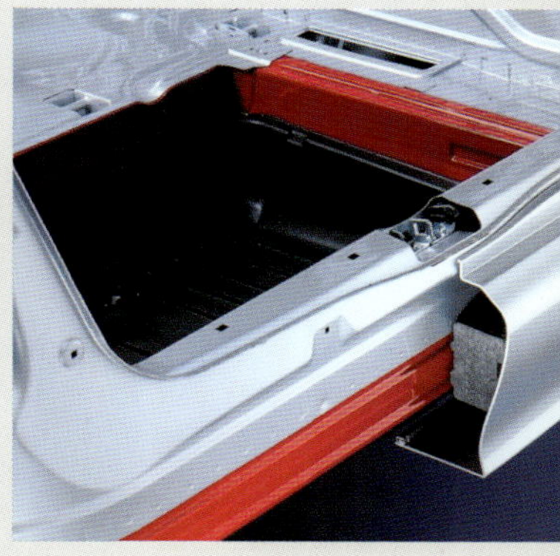

Im Heck:
Die Blechteile lassen sich nach einem Auffahrunfall kostengünstig auswechseln.

Auf zusätzliche Verstärkungen kann verzichtet werden. Trotzdem ist die Heckklappe ein starkes Stück: Gewinde-Einsätze und Scharniere sind so in das Tragteil eingepreßt, daß sie die in den USA geltenden strengen Prüfvorschriften für Ausreißkräfte locker einhalten. Die leichtgewichtige Kunststoffklappe ist andererseits aber kräftig genug, den Spoiler in der Verlängerung der Dachbeplankung, die Heckscheibe sowie die untere Außenbeplankung zu tragen, die alle mit der Thermoplast-Grundlage verklebt sind.

Leichtbau durch Kunststoff

Dank seiner guten Eigenschaften spielt Kunststoff bei der A-Klasse eine große Rolle – er hat einen Anteil von etwa 13 Prozent am Gesamtgewicht und trägt somit maßgeblich zum Leichtbaukonzept bei. Aus Thermoplasten bestehen neben Kotflügeln und Hecktüre auch ...

- ... die Stoßfänger an Front- und Heckpartie: Hier bewährt sich der Polymer-Werkstoff durch sein elastisches Verformungsverhalten. Nach Bagatell-

Karambolagen bis zu drei km/h Aufprallgeschwindigkeit bilden sich die Stoßfänger selbsttätig wieder zurück.

- ... die Unterbodenverkleidung: Dieses Bauteil setzt sich aus 15 Einzelkomponenten zusammen, die allesamt aus glasfaserverstärktem Kunststoff bestehen. Die glattflächige Unterbodenverkleidung hat nicht nur aerodynamische Vorteile, sie macht auch den bisher üblichen PVC-Unterbodenschutz überflüssig. Die Karosserie ist durch die vollständige Kunststoffabdeckung optimal vor Steinschlag geschützt.
- ... die Reserverad- und Batteriemulde: Auch hier bewährt sich Kunststoff vor allem wegen seines hohen Leichtbau-Potentials.
- ... die Streuscheiben der Frontscheinwerfer: Kunststoff ersetzt an dieser Stelle Glas und zeichnet sich aufgrund seines geringeren Gewichts und seiner höheren Elastizität aus, die ihn gegenüber Steinschlag unempfindlicher macht (siehe auch Praxis-Tip auf Seite 89).

Praxis-Tip

Lackpflege mit System

Tagein, tagaus ist der Lack eines Automobils harten Prüfungen ausgesetzt, die ihm buchstäblich unter die Haut gehen. Doch keine Panik: Die meisten Lackschäden kann man mit richtiger und rechtzeitiger Pflege vermeiden oder beheben. Die Vorsorge beginnt mit einer einfachen Lackkontrolle: Perlt das Wasser nach der Wagenwäsche nicht mehr in kleinen Tropfen auf der Karosserieoberfläche ab und bildet statt dessen große Lachen, dann ist eine Konservierung fällig:

- Nach der Wagenwäsche Glanzkonservierer einsetzen, um den Lack in einem Arbeitsgang auf Hochglanz zu bringen und zu schützen. Fachleute empfehlen, diese Konservierung regelmäßig im Abstand von drei bis sechs Monaten durchzuführen.
- Bei matten Lacken folgt eine „Intensivkur" mit Lackreiniger, bei der man „tote" Lackpartikel entfernt. Wichtig: Lackreiniger und Glanzkonservierer stets mit einem weichen Tuch oder mit spezieller fusselfreier Polierwatte in kreisenden Bewegungen und mit wenig Druck auftragen.

Übrigens: Auch die lackierten Stoßfänger oder Außenspiegelgehäuse bedürfen regelmäßiger Pflege. Glanzkonservierer schützt auch hier die Lackierung und erhält den Glanz.

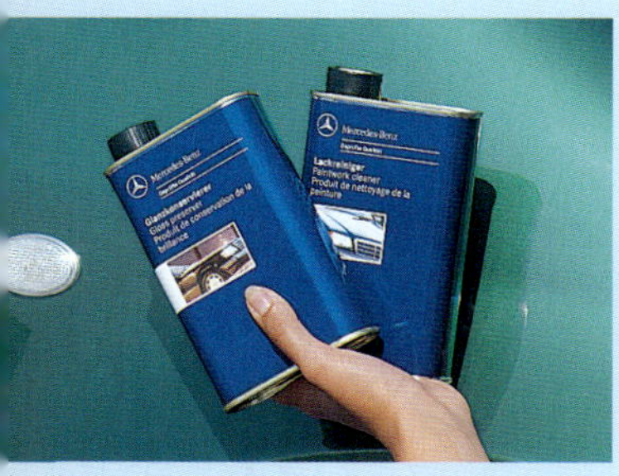

Für die Lackpflege: Glanzkonservierer und Lackreiniger sorgen nach der Wagenwäsche für Hochglanz.

Technik-Info Leichtbau: Abspecken durch Werkstoff-Mix

Mit der A-Klasse setzt Daimler-Benz das Konzept „Intelligenter Leichtbau“ konsequent fort. Dessen Ziel ist ein Mix verschiedener Werkstoffe, der hinsichtlich Gewicht, Kosten und Umweltverträglichkeit zu einem optimalen Gesamtergebnis führt. Bei der A-Klasse basiert diese „Vielstoff-Diät“ – neben dem Universal-Werkstoff Stahl – im wesentlichen auf drei besonders leichtgewichtigen Werkstoffen: Aluminium, Magnesium und Kunststoff. Sie haben einen Anteil von 25 Prozent am Gesamtgewicht der Karosserie und ermöglichen gegenüber einer konventionellen Stahlbauweise Gewichtseinsparungen von über 30 Prozent. So bringt die Rohkarosserie der A-Klasse nur 278 Kilogramm auf die Waage. Aus Magnesium bestehen unter anderem verschiedene Konsolen, Streben und Halter sowie der Querträger unter der Instrumententafel. Und aus Aluminium stellt Daimler-Benz neben dem Frontmodul der A-Klasse auch die Rohrrahmenstruktur der Sitze her.

Ein weiteres Leichtbau-Potential schöpfen die Sindelfinger Mercedes-Ingenieure durch ihre Erfahrungen auf dem Gebiet des optimierten Stahlrohbaus aus. Die Fachleute erwähnen hier vor allem die sogenannten höherfesten Stahlsorten, die bei gleicher Festigkeit geringere Blechdicken erlauben. Rund 45 Prozent aller Bleche in der Rohbaustruktur der A-Klasse bestehen aus höherfestem Stahl. Das ist ein neuer Spitzenwert für die Mercedes-Personenwagen.

Mit leichtem Innenleben: Die stabile Rahmenstruktur der Sitze besteht aus Aluminium.

Mit intelligentem Konzept: Ein Werkstoff-Mix aus Aluminium, Magnesium, Kunststoffen und höherfesten Stahlsorten macht die A-Klasse zum Leichtgewicht.

Technik-Info Leergewicht: Mit oder ohne Fahrer?

Die Leergewichtsangabe für Personenwagen ist eine höchstoffizielle Angelegenheit. Eine Richtlinie der Euopäischen Union (EG 92/21) schreibt den Autofirmen haargenau vor, was zu beachten ist, bevor sie ein neues Modell auf die Waage stellen. So müssen nicht nur alle Flüssigkeiten wie das Motor- und Getriebeöl, das Kühlmittel oder das Wasser für die Scheibenwaschanlage eingefüllt sein, der Wagen muß außerdem auch mit dem serienmäßigen Bordwerkzeug und dem Ersatzrad bestückt werden. Ebenso wichtig: Der Tank muß zu 90 Prozent mit Kraftstoff gefüllt sein, im Kofferraum liegen sieben Kilogramm Gepäck, und bei der Wägung muß ein 68 Kilogramm schwerer Fahrer hinter dem Lenkrad sitzen. Von einem Leergewicht im Wortsinne kann also keine Rede sein. Anders die Meßmethode nach DIN 70020: Sie berücksichtigt das tatsächliche Leergewicht eines Autos, das somit rund 75 Kilogramm leichter ist – ein gewichtiger Unterschied.

Gewichte: A-Klasse mit hoher Nutzlast von 460 Kilogramm

	Leergewicht DIN/EU	Nutzlast	zul. Gesamtgewicht
A 140	1010/1085	460	1470
A 160	1020/1095	460	1480
A 160 TURBODIESEL	1050/1125	460	1510
A 170 TURBODIESEL	1065/1140	460	1525

Angaben in kg

Neues Konzept für optimale Insassensicherheit

Kein Zweifel: In puncto Sicherheit hat ein Automobil von nur 3,57 Meter Länge und nur rund 1 000 Kilogramm Leergewicht physikalisch bedingte Handicaps – vor allem, wenn es nach herkömmlichem Prinzip konstruiert ist. Die geringe Fahrzeugmasse, der kurze Vorbau und die begrenzten Möglichkeiten zur Deformation stellen konzeptionelle Nachteile dar, die in dieser Fahrzeugklasse bisher wenig Spielraum für weitere Fortschritte auf dem Gebiet der Fahrzeugsicherheit erlaubten. Das ändert sich mit der neuen A-Klasse. Der Viertürer ist ein kleines Automobil mit großem Sicherheitspotential – und mit allen mercedestypischen Qualitäten für optimalen Insassenschutz.

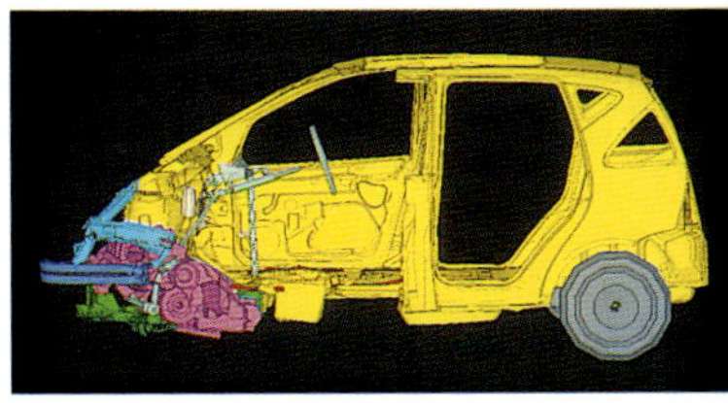

Im Crash-Test:
Bei einem schweren Frontalaufprall können Motor und Getriebe nach unten abgleiten. Dadurch verringert sich die Verletzungsgefahr der Insassen.

Von Anfang an stand für die Mercedes-Ingenieure fest, daß die Feinoptimierung herkömmlicher Kompaktwagen-Konzepte nicht zu den gewünschten Ergebnissen führt. Deshalb entwickelten sie für die A-Klasse völlig neue Aufbau-, Aggregate- und Ausstattungskonzepte, die ein hohes, mercedestypisches Sicherheitspotential bieten. Das Kernstück dieser sicherheitstechnischen Innovationen heißt Sandwich-Konzept.

Prinzipbedingt haben kompakte Automobile in der Größenklasse des neuen Mercedes-Modells nur kurze Vorbaulängen und damit beim Crash auch nur begrenzte Möglichkeiten zur Deformation. Im Vordergrund der A-Klasse-Entwicklung stand deshalb die Aufgabe, die kurze Knautschzone beim Frontal-Crash in vollem Umfang zu nutzen und alle Komponenten aus dem Weg zu räumen, die den Verformungsvorgang beeinträchtigen. Gemeint sind hier im wesentlichen Motor und Getriebe. Sie leisten aufgrund ihrer starren Struktur praktisch keine Deformationsarbeit und können sich bei herkömmlichen Kompaktwagen als Block nach hinten verschieben, in die Fahrgastzelle eindringen und die Passagiere verletzen.

Motor und Getriebe beim Frontal-Crash auf Tauchstation

Die neuartige Anordnung der Antriebseinheit verhindert das Risiko der Blockbildung und trägt somit maßgeblich zum Schutz der Insassen bei. Motor und Getriebe der A-Klasse sind teils vor, teils unter dem Passagier-

Im Vergleich:
Bei Personenwagen mit herkömmlichem Konzept verschiebt sich die Antriebseinheit in Richtung Innenraum (oben). Beim Sandwich-Prinzip tauchen Motor und Getriebe nach unten ab (unten).

raum in Schräglage angeordnet und können bei einem schweren Frontalaufprall nach unten wegtauchen. Diesen Vorgang machen vor allem drei technische Besonderheiten möglich:

- Die Schräg-Konstruktion der Antriebseinheit, deren Form und Einbaulage exakt auf das Crash-Prinzip der A-Klasse abgestimmt ist.
- Die Entwicklung eines Integralträgers zur Aufnahme von Motor und Getriebe, der beim Crash an zwei seiner acht Befestigungspunkte ausklinken kann und dadurch das Abgleiten der Antriebseinheit ermöglicht.
- Die Gestaltung des stabilen vorderen Bodenblechs (Pedalboden) als Gleitfläche, an der Motor und Getriebe beim Crash entlangrutschen können.

Nur weil die starre Antriebseinheit beim schweren Frontal-Crash unter die Fahrgastzelle geschoben wird, steht im Vorbau der A-Klasse die größtmögliche Verformungslänge zur Verfügung. Ohne dieses „Ausweichmanöver“ und das gezielte Wegtauchen der Antriebseinheit aus dem Deformationsbereich müßte der Vorbau der A-Klasse rund 25 Zentimeter länger sein, um das gleich hohe Maß an Insassensicherheit zu bieten. Mit anderen Worten: Erst die Erfindung des Sandwich-Konzepts und des intelligenten Crash-Prinzips beim Frontalaufprall machen es möglich, die strengen Mercedes-Sicherheitsstandards auf ein Automobil von nur 3,57 Meter Länge zu übertragen. So kommt die A-Klasse an das vorbildliche Sicherheitsniveau der größeren E-Klasse heran und ist nicht nur beim Frontalaufprall, sondern in der Summe aller Crash-Kriterien das sicherste Automobil der 3,60-Meter-Klasse.

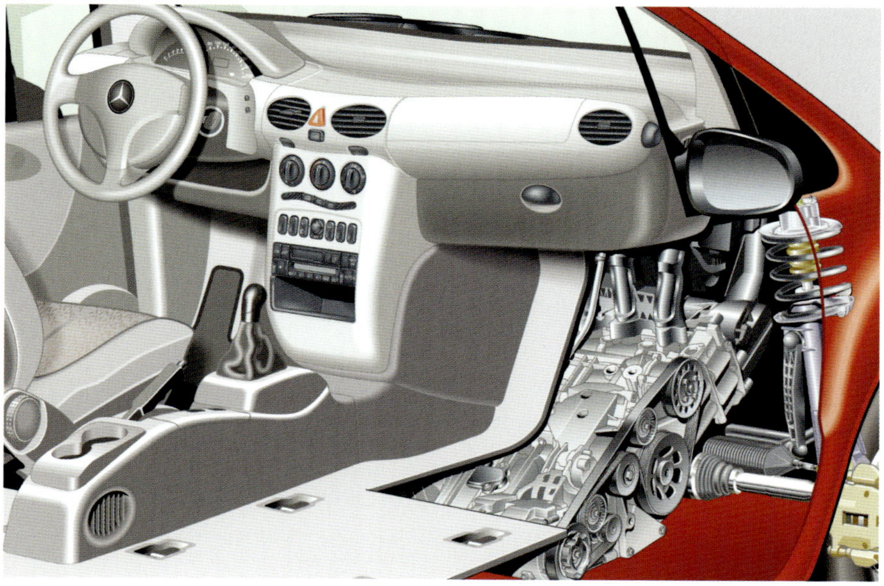

Im Durchblick:
Die Phantom-Zeichnung zeigt die besondere Einbaulage des Motors. Beim Frontal-Crash kann er an dem schrägen vorderen Bodenblech nach unten abgleiten.

Vorbaustruktur mit drei Ebenen

Weitere Pluspunkte des neuartigen Karosseriekonzeptes sind die geradlinigen Längsträger. Sie absorbieren bereits zu Beginn der Karosserieverformung hohe Deformationskräfte und ermöglichen auf diese Weise maßgeblich eine günstigere Verzögerungskennlinie als bei Personenwagen herkömmlicher Konzeption. Dadurch nehmen die Insassen im Falle eines Frontalunfalls früher und damit über einen längeren Zeitraum an den Verzögerungen des Fahrzeugs teil, was sich günstig auf die Belastung der Passagiere auswirkt. Auch die Auslöseschwellen der Gurtstraffer und der Airbags auf Fahrer- und Beifahrerseite lassen sich dank der längssteifen Karosseriestruktur noch genauer definieren.

Die Aufprallenergie wird im Frontbereich der A-Klasse großflächig über drei Ebenen verteilt:

1. den Integralträger, der auch zur Aufnahme von Vorderachse, Motor und Getriebe dient;
2. die geradlinigen Längsträger mit dem vorgeschalteten Frontmodul aus Aluminium und Stahl;
3. die zweite obere Längsträgerebene auf Höhe der Scheinwerfer.

Da die meisten Frontalunfälle Offset-Karambolagen mit einseitiger Belastung der Vorbaustruktur sind, gibt es zwischen den Aufprallzonen stabile

Vorbaulänge und Deformationen: A-Klasse mit guten Ergebnissen

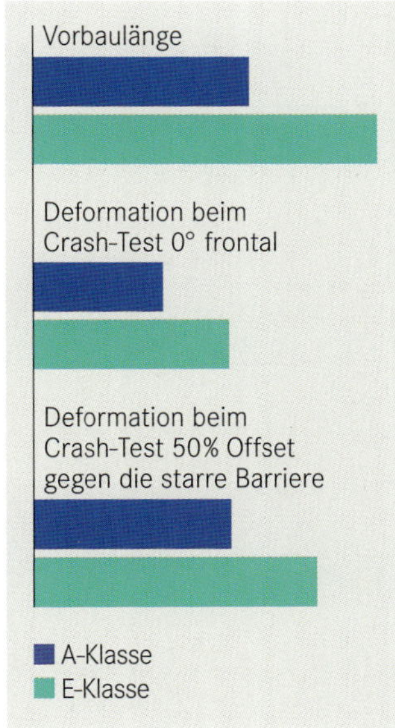

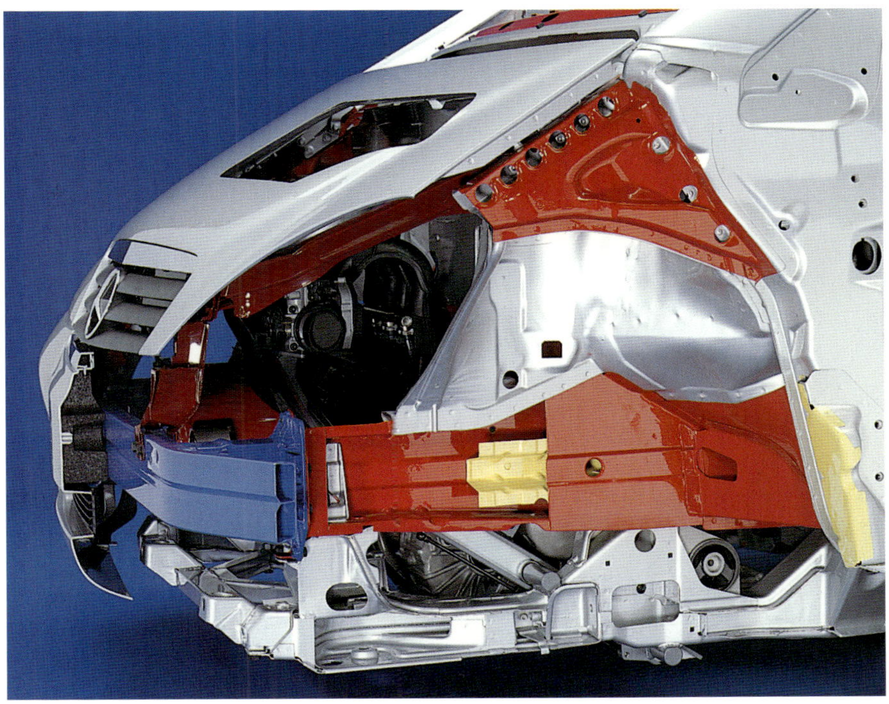

In der Aufprallzone: Das Frontmodul (blau) und die geradlinigen Längsträger (rot) nehmen sofort nach einem Frontalunfall hohe Deformationskräfte auf – eine wichtige Voraussetzung für den vorbildlichen Insassenschutz der A-Klasse.

Querverbindungen, die dafür sorgen, daß jeweils auch die Deformationsbereiche auf der gegenüberliegenden, stoßabgewandten Seite aktiviert werden. So entsteht eine homogene Vorbaustruktur, die sich bei allen Arten von Frontalkollisionen bewährt. Auch die Vorderräder sind in die Energie-Absorption einbezogen: Sie bilden einen zusätzlichen Lastpfad und stützen sich beim Aufprall an den stabilen Knotenpunkten von A-Säule und Schweller ab. Dieser Effekt ist vor allem bei den häufigen Frontalkollisionen mit einseitiger Überdeckung (Offset-Unfällen) bedeutsam.

Die Festigkeit der Fahrgastzelle haben die Ingenieure auf die hohe Verformungskraft des Vorbaus abgestimmt. Der angehobene, ebene Boden, der von unten mit einer gitternetzförmigen Trägerstruktur verschweißt ist, gibt der Fahrgastzelle ein hohes Maß an Stabilität, so daß sie sich weder beim 0-Grad-Frontalaufprall noch beim Offset-Crash mit 40- oder 50prozentiger Überdeckung wesentlich deformiert. Airbags und Gurtstraffer sowie eine Styroporeinlage im Fußraum, die bei allen Mercedes-Personenwagen zur Standardausrüstung gehört, runden die Schutzmaßnahmen für die Insassen ab.

Frontalaufprall: Crashtest-Vorschriften in Europa, Japan und den USA

Testprozedur	Land	Kriterien
0°-Wandaufprall 30 mph (48,3 km/h) 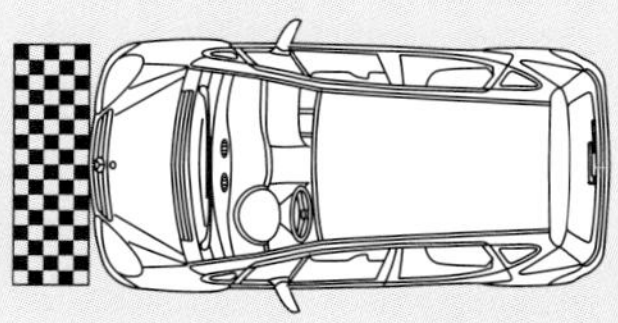	USA Japan EU	• Verschiebung der Lenkanlage • Insassenbelastung • Dichtheit der Kraftstoffanlage • Dichtheit der Kraftstoffanlage • Verschiebung der Lenkanlage
30° schräg gegen starre Barriere 48,3 km/h (links und rechts) 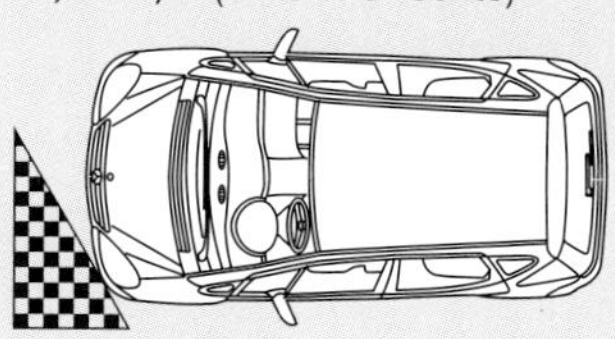	USA	• Insassenbelastung • Dichtheit der Kraftstoffanlage
40 % Offset-Test, deformierbare Barriere, 56 km/h 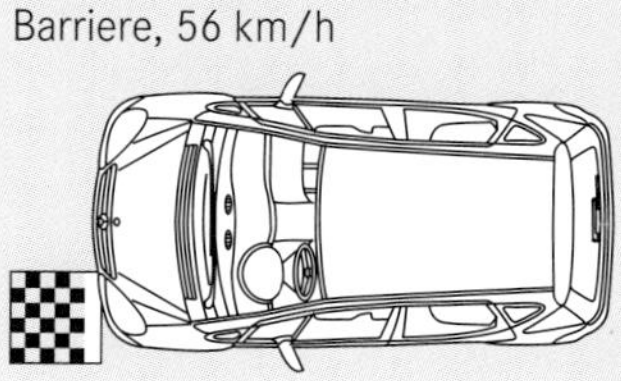	EU ab 1998	• Verschiebung der Lenkanlage • Insassenbelastung • Dichtheit der Kraftstoffanlage

Auf Kollisionskurs: Simulierte Gegenverkehrs-Karambolagen mit größeren und schweren Unfallgegnern gehörten zum Entwicklungsprogramm der neuen Mercedes-Modellreihe. Die Karosserie des Testpartners E-Klasse ist gut 1,20 Meter länger als die A-Klasse (kleines Foto).

Fahrzeug/Fahrzeug-Crash-Test schon in der Prototypen-Phase

Der Aspekt „Groß gegen Klein" prägte die Sicherheitsentwicklung der A-Klasse von Anfang an. Stichwort Kompatibilität: Bei der Frontalkollision zweier Personenwagen mit unterschiedlicher Masse muß zwischen beiden Unfallgegnern eine sinnvolle Verteilung der Deformationslast erreicht werden, so daß die Insassen des kleineren Wagens nicht benachteiligt sind. Daimler-Benz entwickelt seine Modelle bereits seit einiger Zeit nach dieser Maxime und hat zu diesem wichtigen Thema umfangreiche Untersuchungen durchgeführt. So ist das Stuttgarter Unternehmen weltweit der erste Automobilhersteller, der seine Pkw-Modelle durch Crash-Versuche gegen die deformierbare Barriere optimiert. Dieses Testverfahren, das in der Europäischen Union erst ab Oktober 1998 für alle Neuwagen vorgeschrieben wird, ermöglicht eine besonders wirklichkeitsgetreue Simulation typischer Gegenverkehrsunfälle. Alle Mercedes-Automobile erfüllen die Anforderungen der geplanten EU-Norm, die den Frontal-Crash mit 56 km/h und 40 Prozent Überdeckung gegen die deformierbare Barriere vorschreibt (siehe Grafik auf Seite 78).

Bei der A-Klasse gingen die Sicherheits-Fachleute noch einen Schritt weiter. Das neue Modell erfüllt diesen Test sogar mit einer Aufprallgeschwindigkeit von 65 km/h, was einer wesentlich höheren Belastung entspricht. Mehr noch: Bereits in der frühen Entwicklungsphase der A-Klasse führten die Ingenieure reale Fahrzeug/Fahrzeug-Crash-Tests durch und stimmten die Vorbaustruktur auf Basis dieser Versuchsergebnisse ab. Noch nie zuvor fanden bei Daimler-Benz solche aufwendigen Tests schon in der Prototypen-Phase einer neuen Modellreihe statt.

Technik-Info Kompatibilität: Keine Handicaps in der A-Klasse

Kompatibilität bedeutet „Verträglichkeit". Mit anderen Worten: Beim Fahrzeug/Fahrzeug-Zusammenstoß sollen die beiden Unfallgegner gegenseitig ihre Knautschzonen aktivieren und die Deformationslast gleichmäßig auf beide Karosserien übertragen können. Dafür ist es erforderlich, daß sich Verformungswiderstände der Vorbauten großer und kleiner Automobile einander annähern. Beispiel E-Klasse: Die Vorbaustruktur dieses Mercedes-Modells ist so beschaffen, daß sie beim Crash auch Aufprallenergie für das gegnerische Fahrzeug abbaut – Partnerschutz durch intelligente Sicherheitstechnik. Bei einem kleineren Automobil ist das Konstruktionsprinzip jedoch genau umgekehrt: Aufgrund der geringeren Masse und des kürzeren Vorbaus haben die Mercedes-Ingenieure den Vorbau der A-Klasse besonders steif ausgelegt, so daß er beim Gegenverkehrsunfall mit einem größeren Fahrzeug dessen kompatible Deformationszonen aktivieren kann. Neben diesem angepaßten Kraftniveau spielt vor allem auch die gleichmäßige Verteilung der Aufprallkräfte über die gesamte Höhe und Breite des Vorbaus eine wichtige Rolle. Diesem Zweck dient bei der A-Klasse die zweite Aufprallebene mit ihren stabilen Querverbindungen zur unteren Trägerstruktur.

Kompatibilität beim Frontalaufprall: Wer kollidiert mit wem?

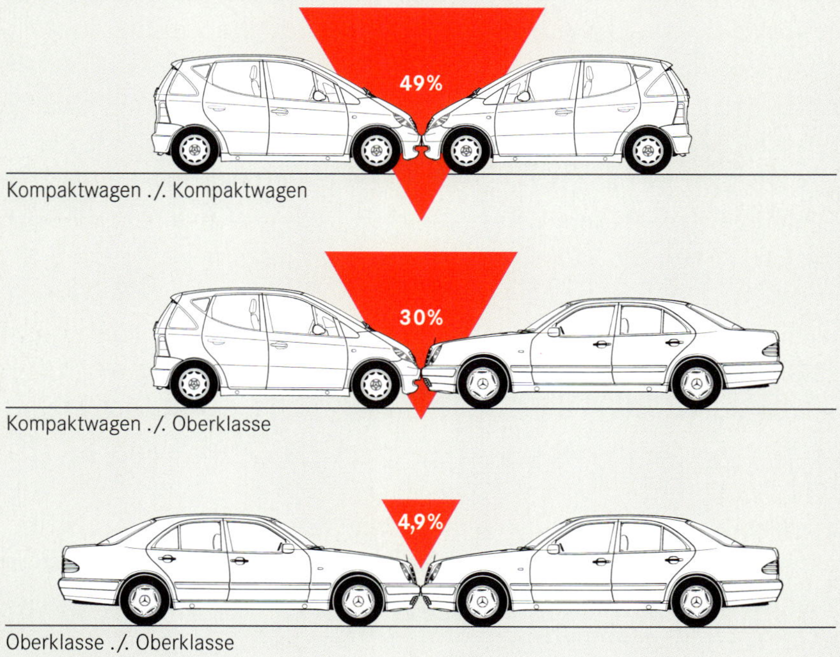

Quelle: Statistik der Bundesanstalt für Straßenwesen

Aus der Unfallstatistik: Kollisionen zwischen Kompaktwagen und Oberklasse-Modellen sind keine Seltenheit.

Günstige Sitzposition beim Seiten-Crash

Das Sandwich-Konzept des neuen Mercedes-Modells zeigt seine Stärken aber nicht nur beim Frontalaufprall, sondern auch beim Seiten-Crash. Hier erfolgt der Aufprall des gegnerischen Personenwagens genau dort, wo die Karosserie der A-Klasse besonders stabil ist: in Höhe der Trägerstruktur des Bodens. Die Passagiere sitzen über dieser Stoßebene und sind somit optimal geschützt. Das Tragwerk aus geradlinigen Quer- und Längsträgern kann die Aufprallenergie besser und gezielter abbauen als bei einem Personenwagen mit herkömmlicher Karosseriekonzeption, wo der Aufprall meist oberhalb der Bodenstruktur erfolgt. Auch die biegesteife B-Säule, die mit der Bodenanlage verbunden ist, und die dreischalige Konstruktion der A-Säule mit Querabstützung unter der Instrumententafel erhöhen den Insassenschutz beim Seitenaufprall. Serienmäßige Sidebags ergänzen die verschiedenen Maßnahmen und verringern das Verletzungsrisiko von Fahrer oder Beifahrer zusätzlich. Als Ergebnis der konsequenten Sicherheitsentwicklung erfüllt die A-Klasse auch ohne das seitliche Luftpolster sowohl die strengen US-Sicherheitsvorschriften für den Seitenaufprall als auch die zukünftigen Bestimmungen der Europäischen Union.

In die Flanke:
Dank Sandwich-Konzept sitzen die Passagiere beim Seitenaufprall oberhalb der Stoßebene. Die stabilen Querträger in der Bodenstruktur (kleines Foto) bieten zusätzlichen Schutz.

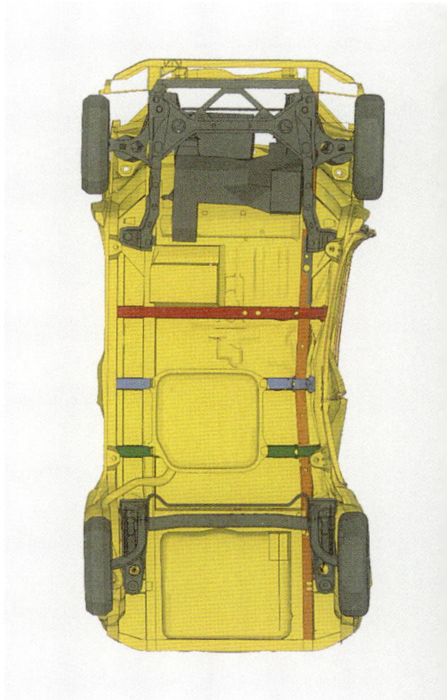

Stabile Verbundstruktur im Heck

Beim Heck-Crash bewähren sich erneut die geradlinigen und hochbelastbaren Längsträgerprofile, die im Heck durch zusätzliche Maßnahmen verstärkt wurden und zusammen mit den C-Säulen, den Rädern und der Hinterachse einen stabilen Verbund bilden. Auf diese Weise kompensieren die Mercedes-Ingenieure den extrem kurzen Heckbereich der A-Klasse und die entsprechend kurzen Deformationszonen. Der Kraftstoffbehälter macht beim Aufprall keine Probleme, denn er verbirgt sich in einer geschützten Lage vor der Hinterachse und liegt somit weit außerhalb des Deformationsbereiches. Die A-Klasse erfüllt selbst strengste interne Sicherheitskriterien wie den Heck-Offset-Crash mit 50 Prozent Überdeckung und 55 km/h Aufprallgeschwindigkeit mit einer fahrbaren Barriere. Die hochbelastbaren Rückenlehnen der Fondsitze bieten zusätzlichen Insassenschutz. Spezielle Seilzüge an den seitlichen Befestigungspunkten der Sitzlehnen reduzieren die aufprallbedingte Rückverlagerung der Fond-Passagiere.

Technik-Info Gurtstraffer: Stahlkugeln in Rotation

Neuentwickelte serienmäßige Kompakt-Gurtstraffer kompensieren beim Crash den Leerweg des Gurtbandes und sorgen dafür, daß die Insassen der A-Klasse durch enganliegende Gurte noch besser mit der Fahrgastzelle verbunden sind. Die Straffung des Gurtbandes übernehmen kleine Stahlkugeln im Aufrollautomaten, die sich nach der Aktivierung des Gurtstraffers in Bewegung setzen und gegenläufig zur Gurtbandwelle rotieren. Auf diese Weise stoppen sie zuerst das Gurtband und wickeln es anschließend blitzschnell wieder auf. Dieses Antriebssystem zeichnet sich vor allem durch zwei Vorzüge aus: hohe Strafferleistung und kompakte Bauweise des Aufrollautomaten. Die Auslösung des neuen Gurtstraffers erfolgt jedoch auf bewährte Weise: durch pyrotechnische Zündung.

In kompakter Form: Der neuentwickelte Gurtstraffer für die A-Klasse nimmt nur wenig Platz in Anspruch.

Großer „Bremsweg“ für die Insassen

Bei der Ausstattung der A-Klasse mit Rückhaltesystemen war den Mercedes-Ingenieuren die beste und die neueste Technologie gerade gut genug. Deshalb haben sie das Gurt- und Airbagsystem nochmals weiterentwickelt und dessen Funktion speziell an das neuartige Fahrzeugkonzept angepaßt. Die kurzen Deformationszonen im Frontbereich der A-Klasse erlauben es, die Gurtstraffer sofort zu aktivieren. Dadurch nehmen die Insassen nicht nur früher und länger an der Verzögerung des Fahrzeugs teil, ihnen steht auch ein großer Bereich für die aufprallbedingte Vorverlagerung zur Verfügung. Die Sicherheits-Fachleute sprechen deshalb auch vom „Insassen-Bremsweg“: Je früher der Sicherheitsgurt seine Rückhaltkräfte aufbaut, desto größer ist der Weg, um die Vorverlagerung der Passagiere durch Gurt und Gurtstraffer zu stoppen. So bleiben die Insassenbelastungen trotz der starken Verzögerung der Fahrgastzelle gering. Auch auf diese Weise lassen sich bei Klein- und Kompaktwagen die konzeptionellen Nachteile kurzer Deformationszonen kompensieren. Zum Sicherheitssystem der Insassen gehören:

- Airbags für Fahrer und Beifahrer: Die serienmäßigen Luftpolster haben ein Volumen von 64 und 130 Litern und arbeiten mit einer neuen Treibstofftechnologie, die Vorteile beim Recycling bietet: Der Gasgenerator der Fahrer-Airbags ist mit einem azidfreien Festtreibstoff gefüllt, und der Beifahrer-Airbag enthält ein umweltverträgliches Flüssiggas-Gemisch von Helium und Argon.
- Gurtstraffer an den Vordersitzen: Hier setzt Daimler-Benz ein neues System ein, das weniger Platz beansprucht als die bisherigen Gurtstraffer (siehe Technik-Info auf Seite 82).
- Gurtkraftbegrenzer an den Vordersitzen: In die Aufrollautomaten der vorderen Sicherheitsgurte sind Torsionsstäbe integriert, die sich beim Crash ab einer bestimmten Krafteinwirkung langsam verformen und auf diese Weise die Sperrwirkung des Gurtautomaten gezielt reduzieren. Dadurch läßt sich das Verletzungsrisiko der Insassen verringern, die überdies dank Kraftbegrenzern besonders „weich“ in die Airbags eintauchen können. Gurtkraftbegrenzer und Airbags sind also ein exakt aufeinander abgestimmtes System. Die Automatikgurte für die Front-Passagiere in der A-Klasse sind in drei Stufen höheneinstellbar.
- Sidebags in den vorderen Türen: Die Luftpolster in den vorderen Türen gehören zur Serienausstattung der A-Klasse. Auch hier kommt ein neuentwickelter Gasgenerator mit Flüssiggas-Füllung zum Einsatz.
- Automatikgurte und Gurtstraffer im Fond: Auch an den äußeren Plätzen der Fond-Sitzanlage setzt Daimler-Benz serienmäßig Gurtstraffer ein. Sie sorgen dafür, daß auch die Fond-Passagiere beim Crash frühzeitig von der

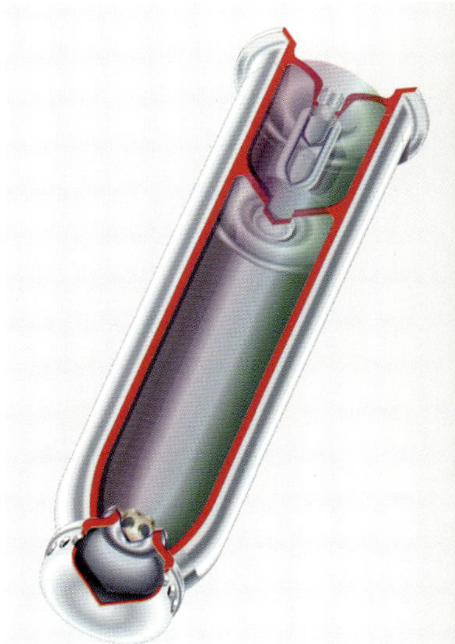

Mit Flüssiggas-Füllung: Für Beifahrer-Airbag und Sidebags haben die Mercedes-Ingenieure neue Gasgeneratoren entwickelt.

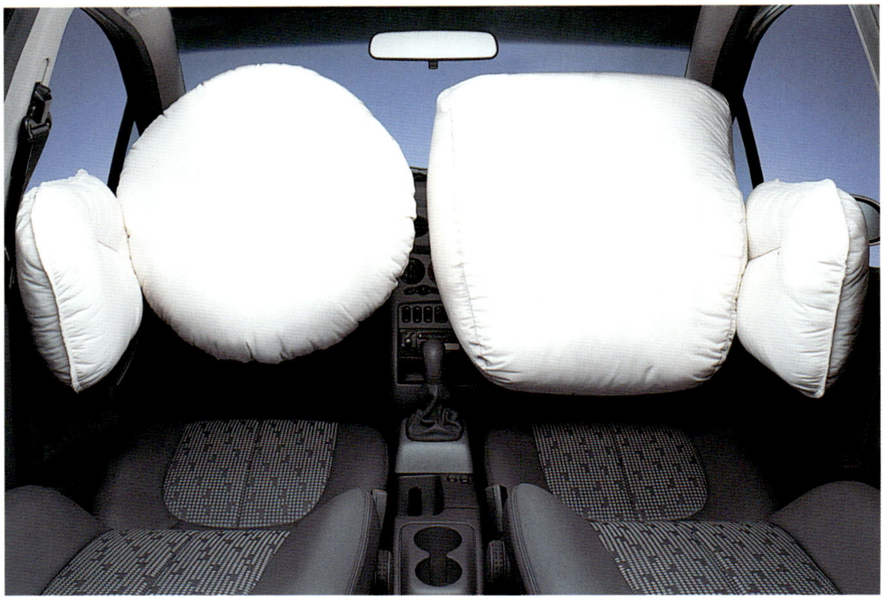

Von allen Seiten:
Fullsize-Airbags für Fahrer und Beifahrer sowie Sidebags in den vorderen Türen gehören zur Serienausstattung der A-Klasse.

Für Knirpse:
Auf Wunsch sind für die Fond-Sitzbank integrierte Kindersitze lieferbar, die per Knopfdruck aus dem Sitzpolster herausklappen.

Verzögerung der Karosseriestruktur profitieren. Die Höheneinstellung der Automatikgurte im Fond erfolgt automatisch.

- Kopfstützen an allen Sitzplätzen: Fünf neuentwickelte höheneinstellbare Rahmenkopfstützen gehören zur Serienausstattung der neuen A-Klasse.
- Verzurrösen im Kofferraum: Für den Schutz der Insassen vor Gepäckstücken oder Ladegut, das beim Crash nach vorne rutscht, ist die A-Klasse serienmäßig mit insgesamt acht stabilen Verzurrösen ausgestattet. Sie halten Belastungen von bis zu 6 000 Newton stand und übertreffen damit die DIN-Anforderungen (2 500 Newton) um ein Vielfaches. Zusätzlich dienen auch die Befestigungspunkte der Sitze zur Arretierung von Ladegut.
- Integrierte Kindersitze im Fond: Wie in der C- und E-Klasse sind auf Wunsch auch für das kleinste Mercedes-Modell Kindersitze lieferbar, die auf Knopfdruck aus den Fond-Sitzen herausklappen. Die Mercedes-Ingenieure empfehlen diese integrierten Kindersitze für kleine Mitfahrer in der Altersklasse von zwei bis zwölf Jahren.

Auf Nummer Sicher:
Nach Montage eines Reboard-Kindersitzes schaltet sich der Beifahrer-Airbag ab. Dann leuchtet der Hinweis „Airbag Off“ auf.

Sensorsystem im Beifahrersitz

Für die Mitnahme von Kleinkindern empfiehlt sich ein sogenannter Reboard-Kindersitz, auf dem die kleinen Passagiere mit dem Rücken zur Fahrtrichtung Platz nehmen. Da solche Kindersitze meist auf dem Beifahrersitz installiert werden, haben die Mercedes-Ingenieure ein spezielles Sensorsystem entwickelt, mit dessen Hilfe sich der Beifahrer-Airbag automatisch abschaltet. Per Transponder-Technik tauschen der Kindersitz und die Senso-

Technik-Info Gurtkraftbegrenzung: Insassenschutz in neuer Perfektion

Airbags, Automatikgurte und Gurtstraffer bilden in der A-Klasse ein perfekt aufeinander abgestimmtes Rückhaltesystem, das durch den Einsatz neuartiger Gurtkraftbegrenzer noch perfekter wird. Die A-Klasse ist das erste und einzige Automobil ihrer Klasse, das mit einem solchen zusätzlichen Sicherheitssystem ausgerüstet ist - serienmäßig. Das Rückhaltesystem läßt die Insassen zunächst mittels Gurt und Gurtstraffer frühzeitig an der Verzögerung des Fahrzeugs teilnehmen und fängt sie anschließend großflächig per Fullsize-Airbag auf. Gurt und Airbag teilen sich also prinzipiell die Aufgabe, die Vorverlagerung der Insassen in engen Grenzen zu halten. Um diese Doppelwirkung zu perfektionieren und das Verletzungsrisiko noch weiter zu verringern, gibt der Automatikgurt in der A-Klasse ab einer bestimmten Schwelle wieder nach und reduziert die Krafteinwirkung des Gurtbandes auf den Insassen. So lassen sich Brust- oder Schulterverletzungen, die in manchen Fällen auf die lebensrettende Rückhaltekraft des Gurtes zurückzuführen sind, noch weiter reduzieren. Beim Standard-Frontal-Crash mit 50 km/h aktivieren Aufprallsensoren den Gurtstraffer bereits nach 15 Millisekunden, so daß sich das Gurtband blitzartig zurückzieht. Nach weiteren 30 Millisekunden setzt die Gurtkraftbegrenzung ein, und der Insasse bewegt sich auf den Airbag zu, in den er etwa 80 Millisekunden nach Crashbeginn eintaucht. Die Grafik zeigt die Wirkung des Systems in der A-Klasse mit einem um 30 Prozent leistungsfähigeren Gurtstraffer plus Kraftbegrenzer im Vergleich zu einem herkömmlichen System mit geringerer Strafferleistung und höherer Gurtkraft.

Gurtsystem: Höhere Strafferleistung, geringere Gurtkraft

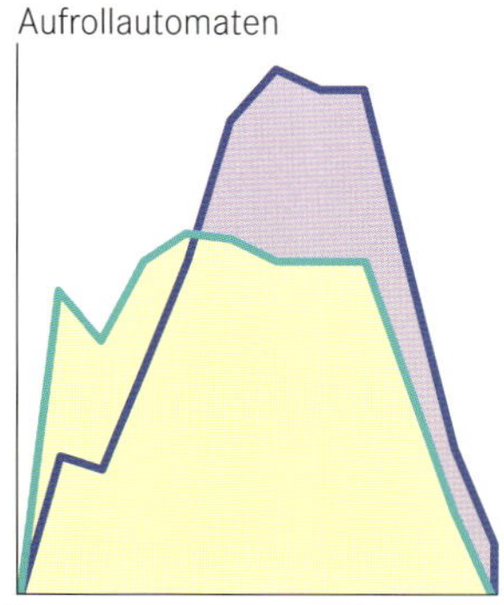

Darstellung: Krafteinwirkung des Schultergurts
- Mit Kraftbegrenzer und erhöhter Strafferleistung
- Ohne Kraftbegrenzer

rik im Beifahrersitz Daten aus, die der Mikro-Computer des Airbag-Steuergeräts entschlüsselt.

Hat die Elektronik den Reboard-Kindersitz zweifelsfrei erkannt, blokkiert sie die Auslösung des Airbags auf der Beifahrerseite, weil die Kombination Reboard-Kindersitz plus Airbag keinen Sinn macht. Kleine Mitfahrer sind beim Unfall durch das Reboard-System bereits gut geschützt. Von der Deaktivierung des Beifahrer-Airbags erfährt der Autofahrer durch eine Kontrolleuchte („Airbag Off") im Bereich der Schalter für die elektrischen Fensterheber. Ein akustisches Warnsignal ertönt, wenn der Beifahrersitz nicht ordnungsgemäß in die speziellen Verankerungspunkte am Sandwich-Boden eingerastet ist oder wenn die Kabelverbindung zwischen dem Sitz und dem Airbag-Steuergerät nicht funktioniert.

Die A-Klasse ist außerdem serienmäßig mit einer automatischen Beifahrer-Erkennung ausgestattet. Bleibt der Beifahrersitz leer, werden Airbag und Gurtstraffer auf der rechten Seite nicht benötigt und lösen demzufolge beim Crash auch nicht aus. Auf diese Weise werden die Reparaturkosten nach einem Unfall gesenkt.

Praxis-Tip

So schützt der Gurt am besten

Trotz Airbag, Sidebag, Gurtstraffer und Kraftbegrenzer, das Kernstück der intelligenten Rückhaltesysteme in den Mercedes-Modellen ist und bleibt der Dreipunkt-Sicherheitsgurt. Nur wenn er richtig angelegt ist, sind die Insassen bestmöglich vor den Folgen eines Unfalls geschützt. Hinweise zur richtigen Gurtbenutzung:

- Das Gurtband darf keinesfalls verdreht sein und muß eng am Körper anliegen.
- Der Beckengurt darf nicht über den Bauch, sondern muß möglichst tief übers Becken verlaufen. Sitzt der Beckengurt zu locker, kann der Körper bei einem Aufprall unter dem Gurt durchrutschen.
- Der Schultergurt muß diagonal über den Brustkorb verlaufen und darf nicht am Hals scheuern. Den Schultergurt nach dem Anlegen straffziehen, so daß er eng anliegt.
- Während der Fahrt keine dicken Mäntel und Jacken anziehen, denn Sie können die Schutzwirkung des Gurtes vermindern.
- Die Höheneinstellung der Kopfstützen ist dann korrekt, wenn sich deren Oberkante auf der gleiche Höhe wie der Kopf befindet.
- Das Gurtband regelmäßig auf Beschädigungen überprüfen. Ist das Gewebe stark aufgerauht oder eingerissen, muß der Gurt ausgetauscht werden.
- Die regelmäßige Reinigung des Gurtbandes sorgt dafür, daß die Automatik jederzeit störungsfrei funktioniert. Grobe Verschmutzungen können die Mechanik mattsetzen.
- Nach einem schweren Unfall sollte der Sicherheitsgurt erneuert werden, weil sich sein Dehnungsverhalten verschlechtert haben könnte.

Beim Anschnallen: Das Gurtband darf nicht verdreht sein und muß eng am Körper anliegen.

Insassensicherheit auf höchstem Mercedes-Niveau

Im Rahmen ihrer nur 32monatigen Entwicklungszeit haben Prototypen und Vorserienmodelle der neuen A-Klasse über 50 Crash-Versuche absolviert. Die Tests orientierten sich an den strengen firmeninternen Sicherheitsanforderungen der Marke Mercedes-Benz sowie an den gesetzlichen Bestimmungen von heute und morgen. Die Höhepunkte der Sicherheitsentwicklung waren die Fahrzeug/Fahrzeug-Kollisionen mit einer Limousine der E-Klasse, die wichtige Erkenntnisse über die Kompatibilität beider Karosserien brachten. Bei diesem aufwendigen Crash-Test prallen die Fahrzeuge mit einer Geschwindigkeit von jeweils 50 km/h gegeneinander – die Relativgeschwindigkeit beträgt also 100 km/h.

Der Aufwand hat sich gelohnt: Das perfekte Zusammenspiel von Sandwich-Konzept, intelligenter Karosserietechnik und wirksamen Rückhaltesystemen führt in der A-Klasse zu beachtlichen Ergebnissen. Trotz der kompakten Außenabmessungen und der kurzen Deformationszonen im Frontbereich liegen die Insassenbelastungen beim Frontalaufprall in dem neuen Mercedes-Modell nur knapp über den vorbildlichen Werten der E-Klasse und deutlich unter den jeweiligen Limits (siehe Grafik).

Brustbelastung beim Frontal-Crash: A-Klasse annähernd auf dem niedrigen Niveau der E-Klasse

Grundlagenforschung im Windkanal

Nicht minder aufwendig waren die Experimente und Tests im Windkanal. Kein Wunder: Eine günstige Aerodynamik ist eine wichtige Voraussetzung zur Kraftstoffeinsparung – bereits ab Tempo 120 hat der Luftwiderstand einen Anteil von rund 50 Prozent am Kraftstoffverbrauch eines Personenwagens. Deshalb begann die strömungstechnische Optimierung der A-Klasse schon in der frühen Konzeptphase – lange bevor die ersten Designmodelle und Prototypen auf den Rädern standen. Mit einem sogenannten Potentialmodell im Maßstab 1:5, das dem Grundkörper der Karosserie entsprach, untersuchten die Fachleute verschiedene Möglichkeiten für eine luftwiderstandsarme Formgestaltung und legten auf diese Weise wichtige Designmerkmale fest. Diese Grundlagenforschung war bei der A-Klasse um so wichtiger, denn deren ungewöhnliche Proportionen (hohes Dach, kurze Karosserie) machten es den Ingenieuren bei der Verringerung des Luftwiderstandes nicht gerade leicht. Weil die Querschnittsfläche, eine maßgebliche Einflußgröße in der Aerodynamik, bei der A-Klasse konzeptbedingt größer ausfällt als bei konventionellen Fahrzeugen, setzten die Experten alles daran, den Luftwiderstandsbeiwert (c_W-Wert) zu senken, um auf diese Weise die große Stirnfläche kompensieren zu können. Viel Arbeit für die Mercedes-Aerodynamiker auf der Suche nach der strömungstechnischen Bestlösung.

Im Lichtstrahl: Mit Hilfe der modernen Lasertechnik haben die Ingenieure jedes Detail der Karosserie untersucht und optimiert.

Im Detail:
Dank des glatten Unterbodens kann der Fahrtwind ungehindert unter der Karosserie durchströmen (großes Foto). Auch der Dachspoiler an der Heckklappe (oben) und die günstige Position der Scheibenwischer (unten) tragen zur Verringerung des Luftwiderstandes bei.

Buchstäblich die Basis für zahlreiche Detaillösungen zur Senkung des Luftwiderstandes war der Fahrzeugboden. Der ist bei den Dieselmodellen, bis auf die Auspufftunnelöffnung, von vorne bis hinten vollständig glatt. Die Verkleidung besteht aus mehreren Einzelkomponenten und steigt noch vor der Hinterachse bis zum Heckstoßfänger zu einer markanten Abrißkante leicht nach oben an. Dadurch kann der Fahrtwind verwirbelungsarm unter der A-Klasse durchströmen. Zu den weiteren, sichtbaren Merkmalen der strömungstechnischen Pionierarbeit zählen unter anderem ...

- ... die vollständige Abdeckung des Kühlerumfeldes
- ... die optimale Lamellenform des Kühlergitters
- ... die im unteren Bereich abgerundete Frontpartie
- ... die seitlichen Einzüge im hinteren Teil der Karosserie
- ... die nach hinten abfallende Form des Wagendachs
- ... der formintegrierte Dachspoiler an der Heckklappe
- ... die dezente Abrißkante am Heckstoßfänger
- ... die Lage der Scheibenwischer zwischen Motorhaube und Frontscheibe
- ... die Kapselung der Dieselmotoren
- ... die Abdichtung der Scheinwerferfugen.

Der Erfolg dieser vielen aerodynamischen Einzelmaßnahmen blieb nicht aus: Das Basismodell der A-Klasse, der 44 kW/60 PS starke A 160 TURBODIESEL, glänzt mit einem c_W-Wert von 0,30 und markiert ein Spitzenergebnis in dieser Fahrzeugklasse.

Fahrsicherheit durch Aerodynamik

Die ausgefeilte Aerodynamik hilft jedoch nicht nur, Kraftstoff zu sparen. Sie steigert auch die Fahrsicherheit, etwa durch Minimierung der Auftriebs- und Seitenkräfte sowie des Giermomentes: physikalische Größen, die entscheidend das Fahr- und Seitenwindverhalten prägen. Obwohl auch hier die konzeptbedingten Ausgangsvoraussetzungen nicht optimal waren, beweist die A-Klasse im künstlichen Sturm eines Seitenwindgebläses ein erstaunlich sicheres Korrekturverhalten. Um dieses Ziel zu erreichen, führten die Versuchsingenieure schon im frühen Entwicklungsstadium Seitenwind-Testfahrten im Berliner Fahrsimulator durch und optimierten die aerodynamische Form sowie die Lenkübersetzung der A-Klasse auf Basis dieser Versuchsergebnisse. Fahrtests mit Prototypen am Seitenwindgebläse und bei natürlichem Seitenwind bestätigten schließlich das für diese Fahrzeugkategorie erstaunlich sichere Seitenwindverhalten. Auch das neuartige Lamellen-Schiebedach bestand im Windkanal eine seiner vielen Bewährungsproben. Hier optimierten die Fachleute die Funktion der ersten Lamelle, die sich nach oben stellt und als Windabweiser fungiert. Sie wurde so gestaltet, daß trotz der großen Dachöffnung weniger Windgeräusche entstehen als bei herkömmlichen Schiebedächern.

Praxis-Tip

Aktion saubere Scheinwerfer

Die Kunststoff-Streuscheiben der A-Klasse sind zwar ebenso steinschlagfest und bruchsicher wie Glas, doch die Beschichtung reagiert bei unsachgemäßen Putzaktionen empfindlich. Deshalb sollte man die Frontscheinwerfer der A-Klasse nur mit einem weichen Tuch oder Schwamm reinigen, nicht scheuern und keinen starken Druck auf die Streuscheiben ausüben. In jedem Fall ist reichlich Wasser erforderlich. Und: Keine aggressiven Reinigungsmittel verwenden. Am besten ist Mercedes-Autoshampoo geeignet.

Ein weiterer Aspekt der aktiven Sicherheit ist die Schmutzfreihaltung der Außenspiegel und Seitenscheiben. Mit Hilfe aufwendiger Windkanalversuche haben die Aerodynamiker bei der A-Klasse eine spezielle Wasserablaufrinne im Bereich der A-Säulen entwickelt, die in Verbindung mit der aerodynamischen Form der Spiegelgehäuse für eine weitgehende Schmutzfreihaltung der seitlichen Glasbereiche sorgt.

Praxis-Tip

Elektrische Sicherungen unter dem Fußraum des Beifahrers

Wenn plötzlich ein Scheinwerfer ausfällt, das Radio den Dienst verweigert oder die elektrische Sitzeinstellung nicht mehr funktioniert, dann empfiehlt sich als erste Do-it-yourself-Maßnahme eine Kontrolle der jeweiligen elektrischen Sicherungen. Sie befinden sich in der A-Klasse an zwei verschiedenen Stellen und sind leicht zugänglich:

- Der Hauptsicherungskasten findet seinen Platz unter dem Fußraum des Beifahrers. Er beherbergt die Sicherungen für die gesamte Innenausstattung.
- Der zweite Sicherungskasten verbirgt sich hinter einer seitlichen Abdekkung in der Instrumententafel, die mit einem Schraubenzieher abgezogen werden kann. Hier stecken die Sicherungen für die Beleuchtungsanlage der A-Klasse.

Eine Tabelle mit der genauen Bezeichnung der einzelnen Sicherungen und ihrer Aufgaben befindet sich in einem speziellen Fach des Hauptsicherungskastens. Wichtig: Defekte Sicherungen auf keinen Fall flicken oder überbrücken. Ersatzsicherungen gehören zur Standardausrüstung – sie befinden sich im Hauptsicherungskasten sowie in der Zusatzsicherungsdose hinter dem Lichtschalter. Um defekte Sicherungen problemlos austauschen zu können, beinhaltet das Bordwerkzeug eine spezielle Abziehhilfe aus Kunststoff. Nur Sicherungen mit der vorgeschriebenen Ampere-Zahl verwenden – die unterschiedlichen Farben kennzeichnen die verschiedenen Sicherungstypen.

An zwei Stellen:
Der Hauptsicherungskasten befindet sich unter einer Abdekkung im Fußraum des Beifahrers (rechts). Die Sicherungen für die Lichtanlage stecken in der Instrumententafel (links).

Technik-Info Dritte Bremsleuchte: Stopp-Signal mit großem Sicherheitseffekt

Kaum eine automobiltechnische Neuentwicklung der letzten Jahre ist unter den Autofahrern so umstritten wie die hochgesetzte Bremsleuchte. Tatsache ist jedoch: Das dritte Bremslicht kann Auffahrunfälle verhindern. Zu dieser glasklaren Erkenntnis kommen Wissenschaftler des Forschungsinstituts Mercedes-Benz, die das Thema „Bremslicht" im Berliner Fahrsimulator der Daimler-Benz AG genauer untersucht haben. Immerhin: Durch den Einsatz der zusätzlichen Bremsleuchte verringert sich die Reaktionszeit der Autofahrer im Vergleich zum herkömmlichen Bremssignal um bis zu 0,4 Sekunden. Das bedeutet beispielsweise bei Tempo 130 eine Verkürzung des Anhaltewegs um rund 15 Meter – nur aufgrund der schnelleren Bremsreaktion des Fahrers. Rechnet man dieses Ergebnis auf das gesamte Unfallgeschehen hoch, so könnte sich die Zahl der Auffahrunfälle dank dritter, hochgesetzter Bremsleuchte um rund 50 Prozent verringern. Grund genug für Daimler-Benz, die A-Klasse serienmäßig mit diesem zusätzlichen Bremslicht auszustatten.

Mit Signalwirkung: Die hochgesetzte Bremsleuchte hilft Auffahrunfälle zu vermeiden.

Stopp-Signal: Kürzere Reaktionszeit durch hochgesetztes Bremslicht

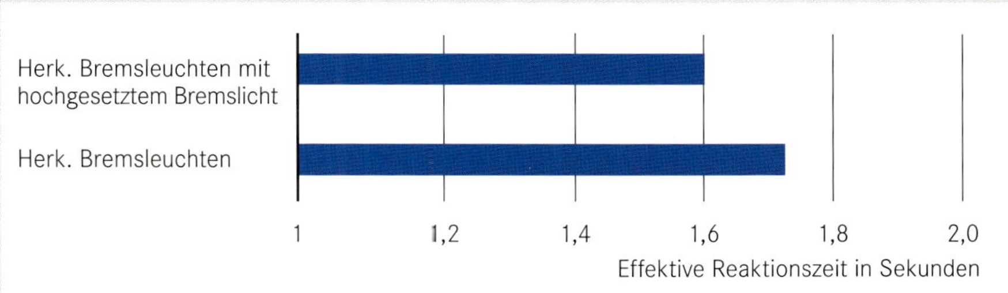

Alle Lichtsysteme in einem Gehäuse

Eine von zahlreichen Detail-Premieren innerhalb des wegweisenden Gesamtkonzepts der A-Klasse ist die neue Scheinwerfertechnik. Dabei vereint Daimler-Benz erstmals alle Lichtfunktionen in einer einzigen Leuchteneinheit unter einer kratzfest beschichteten Streuscheibe aus Polycarbonat: oben die Blinkleuchte, außen das Abblendlicht, in der Mitte das Fernlicht und innen das Nebellicht. Die Trennung von Abblend- und Fernlicht ermöglicht den Einsatz von lichtstarken und präzisen H7-Glühlampen. Deren Licht wird, anders als bei herkömmlichen H4-Glühlampen, nicht künstlich abgeschattet. Die Abblendung übernimmt statt dessen ein neuartiger Reflek-

Praxis-Tip

Glühlampenwechsel mit Vorsicht

Die fünf Glühlampen, die im Gehäuse des Frontscheinwerfers integriert sind, lassen sich auf zwei verschiedene Weisen auswechseln: Während Blink-, Abblend-, Fern- und Standlicht über spezielle Luken in den Radläufen erreichbar sind, empfehlen die Mercedes-Ingenieure das Auswechseln der Glühlampen für die Nebelscheinwerfer via Motorraum. Auf der Fahrerseite muß dazu der Wasserbehälter für die Scheibenwaschanlage herausgenommen werden. Leicht zugänglich sind auch die Glühlampen der Rücklichter: Sie verbergen sich hinter den seitlichen Abdeckungen im Kofferraum. Beim Glühlampenwechsel sollte man folgende Sicherheitshinweise beachten:

- Die H 7-Glühlampen für Abblend- und Fernlicht stehen unter Druck. Wer sie im Do-it-yourself-Verfahren auswechseln möchte, sollte unbedingt Augenschutz und Handschuhe tragen.
- Grundsätzlich keine Glühlampen verwenden, deren Glas bereits verkratzt oder beschädigt ist. Sie könnten platzen.
- Glühlampen niemals mit den bloßen Fingern anfassen, sondern Seidenpapier oder ein weiches Tuch verwenden.
- Vor dem Glühlampenwechsel die Fahrzeugbeleuchtung und die Zündung ausschalten. Vorsicht: Kurzschlußgefahr.
- Hinweise zum Wechsel der verschiedenen Glühlampen stehen in der Bedienungsanleitung – unbedingt beachten.
- Auf jeden Fall nur die Original-Glühlampen verwenden, die in der Tabelle auf dieser Seite aufgeführt sind.

Glühlampentabelle A-Klasse

	Glühlampentyp Sockelbezeichnung und Leistung (W)	Besonderheit
Blinklicht vorn	PY 21 W, 21 Watt	
Zusatzblinklicht seitlich	WY 5 W, 5 Watt	
Abblendlicht/Fernlicht	H 7, 55 Watt	Beim Auswechseln Handschuhe und Augenschutz tragen
Standlicht/Parklicht	W 5 W, 5 Watt	
Nebellicht	H1, 55 Watt	
Blinklicht hinten	P 21 W BA 15, 21 Watt	
Brems-, Schluß- und Parklicht	P 21 W, 21 Watt	
Rückfahrlicht	P 21 W BA 15, 21 Watt	
Kennzeichenbeleuchtung	C 5 W SV 8,5, 5 Watt	
Nebelschlußlicht	P 21 W BA 15, 21 Watt	auf der Fahrerseite
Dritte Bremsleuchte	LED	

tor. Der besteht nicht mehr aus einer gleichmäßig gewölbten Halbkugel, sondern aus Tausenden einzelnen Mikro-Reflektoren. Jedem Lichtpunkt auf der Fahrbahn ist ein Punkt im Reflektor zugeordnet, dessen Lage und Neigung vom Computer berechnet ist.

Scheibenwischer in gegenläufiger Bewegung

Mit langen Armen:
Zwei Scheibenwischer reinigen die große Fensterfläche der A-Klasse.

Für optimalen Scheibendurchblick durch die große Frontscheibe sorgt die leistungsfähige Wischeranlage, die aus zwei gegenläufig arbeitenden Armen besteht. Sie haben eine Länge von immerhin 880 bzw. 820 Millimetern und erreichen 81 Prozent der gesamten Scheibenfläche. Wie bei der E-Klasse zeichnet sich auch die Wischeranlage der neuen A-Klasse neben drei Geschwindigkeiten und Intervall-Schaltung auch durch die praktische „Tipp"-Funktion aus: Durch leichtes Antippen des Multifunktionshebels an der Lenksäule laufen die Wischer einmal ohne Wasser über die Scheibe. Drückt der Autofahrer den Hebel etwas kräftiger, setzt die Wisch-Wasch-Funktion ein. Auch der serienmäßige Heckscheibenwischer ist mit Intervall-Schaltung und Waschfunktion ausgestattet. Die Bedienung erfolgt über einen Schalter an der Mittelkonsole.

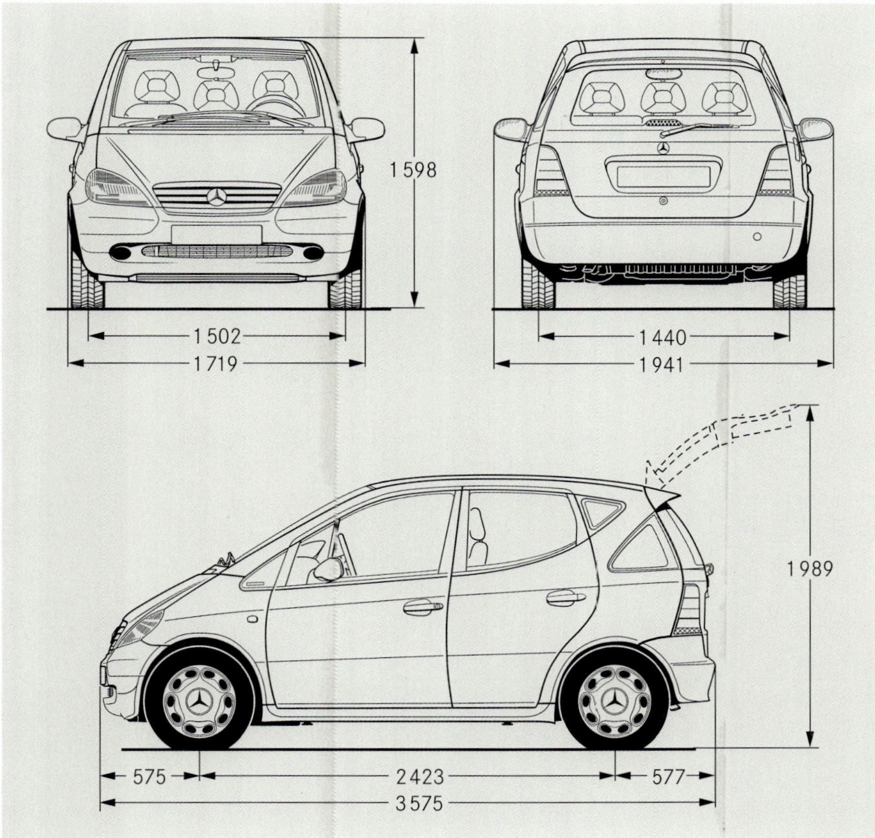

Auf Maß:
Dank ihrer ultrakompakten Außenabmessungen nimmt die A-Klasse nur 6,15 Quadratmeter Verkehrsfläche in Anspruch und paßt somit in jede Parklücke.

Innenraum und Elektronik

Raumfahrt

Trotz ihrer ultrakompakten Außenabmessungen ist die A-Klasse ein geräumiges und vielseitiges Automobil. Der Raumkomfort liegt auf dem hohen Niveau einer Mittelklasse-Limousine, und die Variabilität entspricht Kombi-Qualitäten. Mit anderen Worten: Die A-Klasse ist fit für jeden Einsatz.

Bei der A-Klasse von Mercedes-Benz stimmen beide Faktoren, die für einen optimalen Fahrkomfort ausschlaggebend sind – Raumangebot und Raumkomfort. Kein Gefühl der Enge – keine Einbußen an Bewegungsfreiheit. Diesen Eindruck gewinnen Autofahrerinnen und Autofahrer schon unmittelbar nach dem Einsteigen. Mit anderen Worten: Trotz ihrer ultrakompakten Außenmaße bietet die A-Klasse den Innenraumkomfort wie in einer Mittelklasse-Limousine. Das wegweisende Sandwich-Konzept mit der speziellen Anordnung der Antriebsaggregate macht es möglich. Dank dieser intelligenten Konzeption steht die Karosserie den Passagieren fast auf der gesamten Länge zur Verfügung. Die Raumökonomie in Zahlen: Das Verhältnis Innenlänge zu Außenlänge beträgt bei der A-Klasse (ohne Kofferraum) exakt 51 Prozent – andere Automobile der Subkompakt- und Kompakt-Wagenklasse erreichen hier lediglich Werte von 44 bis 49 Prozent, „Mini-Vans" meist sogar nur 39 bis 42 Prozent. Wird auch der Kofferraum in die Rechnung einbezogen, beträgt das Längenverhältnis zwischen Innenraum und Karosserie bei der A-Klasse sogar 70 Prozent.

Instrumententafel in der Form eines Flügels

Das offene und freundliche Ambiente des Interieurs, das spontan zum Einsteigen einlädt, wird vor allem durch die Instrumententafel geprägt. Sie läßt auf den ersten Blick keine konventionelle Anbindung an die Stirnwand des Fahrzeugs erkennen und stellt optisch auch keine Verbindung zu den Türen her. Der Effekt: Die Instrumententafel wirkt bereits auf den ersten Blick leicht und grazil. Die Designer vergleichen die Optik dieses Bauteils denn auch mit der leichten und spielerischen Form eines Flügels – ein Eindruck, der sich vor allem beim Blick auf die rundliche Abdeckung des Kombi-Instruments oder die geschwungene Form des Umluftschalters in der Mittelkonsole verstärkt. Wichtige Stilelemente sind aber auch die Belüftungsdüsen in der Instrumententafel, deren Ovale den jugendlichen Charakter dieses Mercedes-Modells im Detail betonen.

Die Instrumententafel wirkt aber nicht nur leicht, sie ist es auch. Design und Konstruktion sprechen die gleiche Sprache: Leichtbau. So bestehen Ober- und Unterteile der Instrumententafel aus einem Holzfaser-Werkstoff, der nicht nur leicht ist, sondern auch sehr gute Recycling-Eigenschaften besitzt. Und bei dem darunterliegenden Querträger setzen die Mercedes-Ingenieure moderne Leichtbaumaterialien ein: Aluminium und Magnesium. Das moderne Gußverfahren für Magnesium ermöglicht geringe Wandstärken von nur 1,5 Millimetern, so daß der Querträger insgesamt bis zu 40 Prozent weniger Gewicht auf die Waage bringt als ein vergleichbares Bauteil aus Stahl – bei gleicher Festigkeit und Steifigkeit.

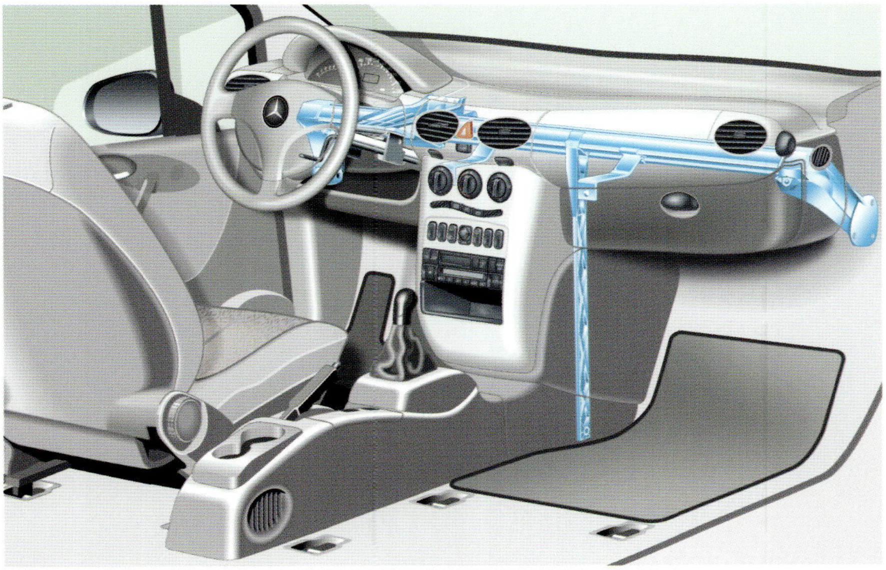

Modernes Konzept: Die hellen, freundlichen Innenraumfarben und die rundlichen Formen der Instrumententafel (oben) betonen den jugendlichen Charakter der A-Klasse. Ein Querträger aus Aluminium und Magnesium gibt der Instrumententafel die notwendige Stabilität (links).

Schalter in griffgünstiger Form und Position

Die Anordnung der Schalter und Bedienelemente ist das Ergebnis aufwendiger Tests im Ergonomie-Labor (siehe auch Seite 122). Deshalb sitzt jeder Schalter genau an der Stelle, wo der Fahrer ihn sucht. Links von der Lenksäule befindet sich der griffgünstige Drehschalter fürs Fahr-, Nebel- und Parklicht, an der linken Seite der Lenksäule ist der mercedestypische Kombi-

Griffgünstige Schalter:
Die Bedienelemente in der Mittelkonsole sind für Fahrer und Beifahrer gut erreichbar.

Hebelschalter für Blinker, Scheibenwischer, Scheibenwaschanlage und Fernlicht angeordnet, und in der Mittelkonsole finden sich jene Elemente, die auch der Beifahrer erreichen sollte: Die Drehregler für Heizung, Umluftschaltung, Klimaanlage, Luftverteilung und Gebläse, die Schalter für Warnblinkanlage, Zentralverriegelung, heizbare Heckscheibe und Heckscheibenwischer sowie die Taster für die Einstellung der Außenspiegel. Auch das Autoradio findet – wie gewohnt – seinen Platz in der Mittelkonsole. Die Bedienung der elektrischen Fensterheber erfolgt über Schalter, die zwischen den vorderen Sitzen plaziert sind.

Die Türen der A-Klasse tragen Innenverkleidungen aus weichem, qualitativ hochwertigem Velours, in deren Mitte die Armlehnen herausmodel-

Technik-Info Kombi-Instrument: Überschaubare Verhältnisse im Cockpit

Formschöne Kommandozentrale:
Übersichtliche Cockpit-Instrumente geben dem Autofahrer alle notwendigen Informationen. Die Zeiger von Tachometer, Drehzahlmesser und Tankanzeige treten erst nach dem Einschalten der Zündung in Erscheinung.

Neue Wege gingen die Ingenieure auch bei der Konzeption des Kombi-Instruments, wo die Maxime „So wenig wie möglich, so viel wie nötig“ galt. Zu Recht: Der Autofahrer soll nicht durch eine Vielzahl von Anzeigen und Leuchten von seiner eigentlichen Aufgabe abgelenkt werden. So entwickelten die Ingenieure ein Instrument, dessen Anzeigen nur bei Bedarf in Erscheinung treten – dann allerdings gut erkennbar und mit klarer Symbolik. Die Zeiger der Anzeigen für Tachometer, Motordrehzahl und Tankinhalt werden erst nach dem Einschalten der Zündung sichtbar und sind transparent gestaltet. Sie lassen nur ihre farbigen Spitzen erkennen, um den Blick auf das mittig angeordnete Multi-Informationsdisplay nicht zu beeinträchtigen. Hier erscheinen unter anderem die Daten über Gesamt-Wegstrecke, Tages-Wegstrecke, Außentemperatur, Uhrzeit, Ölstand sowie die Hinweise des Aktiven Service Systems ASSYST.

Am oberen Rand der Anzeige-Instrumente befinden sich die üblichen roten oder gelben Hinweis- und Warnleuchten, die aber nur kurz nach dem Einschalten der Zündung oder während der Fahrt im Falle einer Störung sichtbar werden. Im Normalfall bleibt das Instrument an dieser Stelle also dunkel. Das Kombi-Instrument der A-Klasse wird von einem Mikro-Computer gesteuert, der per CAN-Datenbus (Controller Area Network) mit den elektronischen Systemen von Motor und Getriebe sowie dem Steuergerät der Zentralverriegelung in Kontakt steht. Zusätzlich übernimmt der Computer des Kombi-Instruments die Steuerung der Blinkleuchten, der Innenraumbeleuchtung, der Heckscheibenheizung, des vorderen Intervallwischers und des Heckscheibenwischers.

liert wurden. Eine besondere optische Wirkung geht von den kleineren Elementen wie den offenen Türtaschen, den farbigen Ziehgriffen und den ovalen Rosetten der Türöffner aus, die wie Mosaiksteine aufgesetzt sind und dadurch eine besondere optische Wirkung haben. Eine weitere kleine Finesse am Rande: Die Lautsprecher sind in den Türtaschen untergebracht, während sich die kleinen Hochtöner nahezu unsichtbar in den Befestigungen der Türgriffe verstecken, dort aber eine für das Klangerlebnis optimale Position einnehmen.

Das Lautsprecher-Detail ist freilich nur ein Beispiel für die gelungene Kombination von stilistischer Kreativität und funktionaler Perfektion im Innenraum der A-Klasse. Form und Funktion: Noch deutlicher wird dieses Thema beim Blick auf die Sitzanlage, die optisch und technisch zu den Highlights des neuen Mercedes-Modells zählt. Die Optik – sprich: das Design – wird durch eine dem Charakter des Automobils angepaßte Form geprägt, die ebenso wie die Instrumententafel leicht und grazil wirkt. Die Farbe, die bei Auswahl eines der Bezugsstoffe oder bei Lederausstattung mit ins Spiel kommt, verstärkt diesen Eindruck.

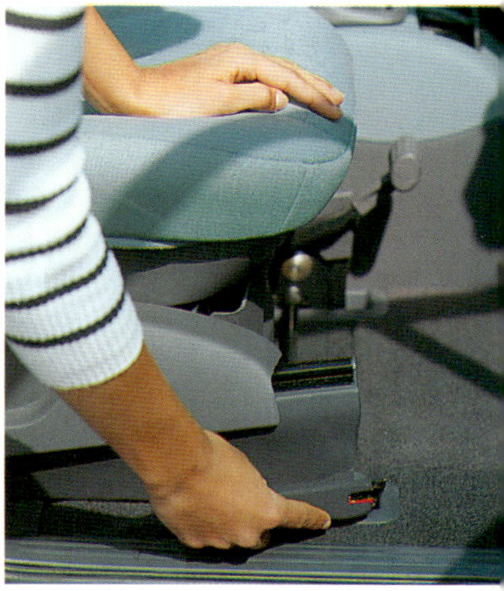

Beifahrersitz aus Leichtbau-Werkstoffen

Die Funktionalität der Sitzanlage ist ein abendfüllendes Thema. Es beginnt vorne links, beim Fahrersitz. Er bietet vielerlei Einstellmöglichkeiten, die es Autofahrerinnen und Autofahrern unterschiedlicher Statur ermöglichen, hinter dem Lenkrad eine bequeme Sitzposition zu finden. Der Einstellbereich in Längsrichtung mißt 262 Millimeter, die Höhe des Sitzkissens kann um 57 Millimeter verändert werden, und die Kopfstütze läßt sich in der Höhe um 80 Millimeter variieren.

Der Beifahrer hat mit Ausnahme der Höheneinstellung für das Sitzkissen die gleichen Variationsmöglichkeiten. Auf Wunsch liefert Daimler-Benz einen Beifahrersitz, der sich mit wenigen Handgriffen und ohne großen Kraftaufwand ausbauen läßt. Dafür sorgt eine intelligente Leichtbau-Konstruktion: Die Rückenlehne besteht aus einem Aluminium-Rohrrahmen mit einer Anbindung aus Magnesium-Druckguß an die seitlichen Sitzbeschläge. Die Schalen des Sitzkissens und der Rücklehnen werden aus faserverstärktem Kunststoff hergestellt. Die Federung übernehmen Formteile aus Polyurethan-Schaumstoff mit einer Matte aus Gummihaar. Dank seiner leichten Konstruktion bringt der stabile Beifahrersitz der A-Klasse nur 15 Kilogramm auf die Waage. Beim Ausbau des Sitzes muß eine Kabelverbindung gelöst werden, die für den Datenaustausch zwischen dem Sensorsystem im Sitzpolster und dem Auslösegerät für Airbags und Gurtstraffer zuständig ist.

Leichtes Spiel:
Ein paar Handgriffe genügen, um den Beifahrersitz auszubauen. Er wiegt nur 15 Kilogramm.

Technik-Info Maßkonzeption: Raumangebot auf dem Niveau einer Mittelklasse-Limousine

Trotz des ultrakompakten Längenmaßes von nur 3,57 Metern werden den Passagieren der A-Klasse keine Kompromisse hinsichtlich Komfort, Bewegungsfreiheit und Ergonomie abverlangt. Das Sandwich-Prinzip „Antriebsaggregate und Fahrwerk unten – Passagiere oben“ ermöglicht eine Maßkonzeption, die in vielen Punkten einer Mittelklasse-Limousine entspricht. Das zeigen einige für den Raumkomfort aussagekräftige Meßwerte:

- Innenraumlänge: 1835 Millimeter
  Obwohl die Karosserie der A-Klasse gut 90 Zentimeter kürzer ist als beispielsweise eine Limousine der C-Klasse, liegt das Maß für die Innenraumlänge (vom Fersenpunkt des Fahrers bis zum Hüftpunkt des Fondpassagiers) in beiden Automobilen in etwa auf gleich hohem Niveau. In der C-Klasse beträgt dieser Wert 1839 Millimeter.
- Passagierabstand: 775 Millimeter
  Die Distanz vom Hüftpunkt des Fahrers bis zum Hüftpunkt des Fond-Passagiers gibt Auskunft über die Bewegungsfreiheit der Insassen in der zweiten Sitzreihe. Mit 775 Millimetern erreicht die A-Klasse hier ebenfalls Werte von Mittelklasse-Limousinen (C-Klasse: 785 Millimeter) und übertrifft Kompaktwagen, deren Karosserie bis zu 500 Millimeter länger ist, deutlich.
- Vorderer Kopfraum: 978 Millimeter
  Auch dieses Maß liegt deutlich über den Werten vieler anderer Automobile in der 3,60-Meter-Kategorie und erreicht das Niveau von Mittelklasse-Limousinen. In der C-Klasse steht den Front-Passagieren ein Kopfraum von 987 Millimetern zur Verfügung.

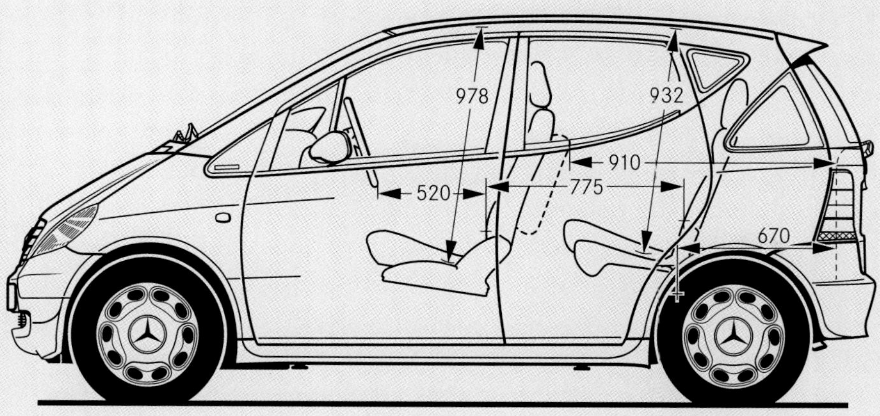

Geräumiges Interieur: Die Werte für Kopfraum, Passagierabstand und Innenraumlänge entsprechen den Maßen größerer Mittelklasse-Limousinen.

36 Sitz-Variationen im Fond

Die im Verhältnis 1/3 zu 2/3 geteilte Fond-Sitzanlage ist der Clou im Innenraum der A-Klasse. Beide Teile lassen sich unabhängig voneinander variieren und in 36 verschiedene Positionen bringen – ganz nach Wunsch und Transportaufgabe. Beispiele:

- Stufenlose Längsverschiebung um insgesamt 111 Millimeter: Um den Kofferraum zu vergrößern, lassen sich beide Teile der Fond-Sitzbank einzeln oder zusammen um rund elf Zentimeter nach vorne schieben. Den Passagieren bleibt trotzdem noch genügend Beinfreiheit.
- Einstellung der Rückenlehnen in drei Stufen: Auch die Rücksitz-Passagiere haben in der A-Klasse die Möglichkeit, die Neigung ihrer Sitzlehnen zu verändern. Drei Winkel sind möglich: 24, 18 und 12 Grad.
- Vorklappen der Rückenlehnen: Links, rechts oder beide zusammen – das schnelle und bequeme Vorklappen der Sitzlehnen erleichtert das Unterbringen größerer Gegenstände.
- Vorklappen von Sitzkissen und Rückenlehnen in die platzsparende Transportstellung: Wer die Fond-Sitze nicht komplett ausbauen möchte, aber trotzdem einen großen Laderaum benötigt, wählt am besten diese sogenannte Package-Stellung. Der Laderaum vergrößert sich dadurch gegenüber der Sitz-Normalstellung um fast 150 Prozent.
- Ausbau eines oder beider Teile der Fond-Sitzanlage: Die Schnell-Demontage erfolgt in vier Phasen: Sitzlehne entriegeln und vorklappen; Sitzkissen hinten entriegeln und in Package-Stellung bringen; Entriegelungshebel betätigen; Sitz herausnehmen. Die beiden Teile der Fond-Sitzanlage wiegen nur 17,5 Kilogramm (1/3-Teil) bzw. 22,5 Kilogramm (2/3-Teil).

**Einfache Bedienung:
Die Fond-Sitze lassen sich entweder in eine platzsparende Transportstellung bringen oder vollständig ausbauen.**

**Vielseitige Möglichkeiten:
Mit wenigen Handgriffen verwandelt sich der Innenraum vom Fünf- zum Einsitzer. Damit ist die A-Klasse so variabel wie ein Mini-Van.**

Variationen im Fond: Laderaummaße und Ladevolumina

Position der Fond-Sitzanlage/Sitzplätze im Fond

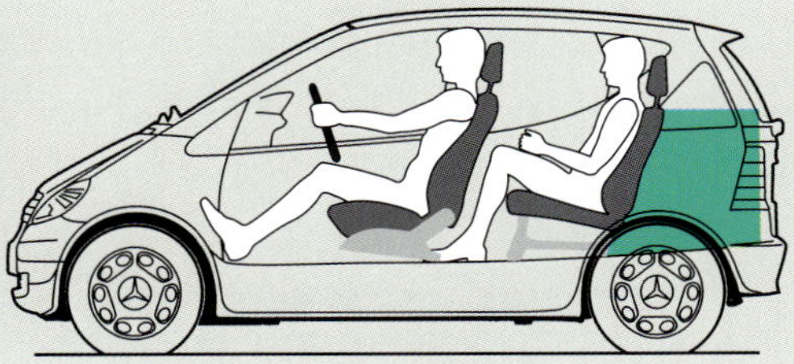

Normalstellung,
drei Sitzplätze im Fond

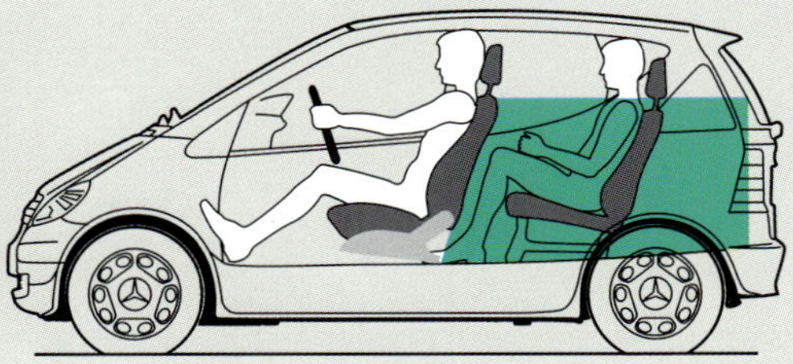

1/3-Teil ausgebaut,
zwei Sitzplätze im Fond

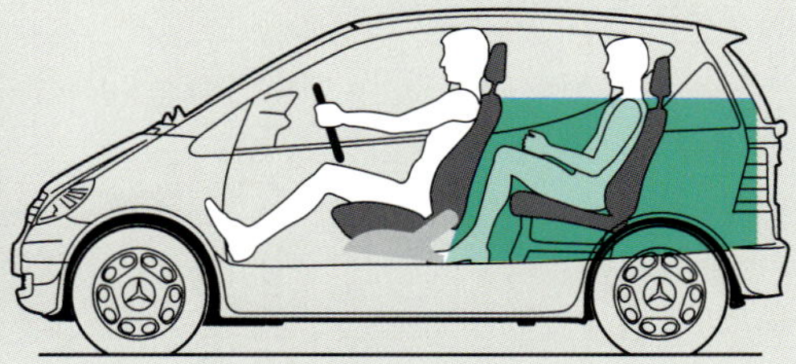

2/3-Teil ausgebaut,
ein Sitzplatz im Fond

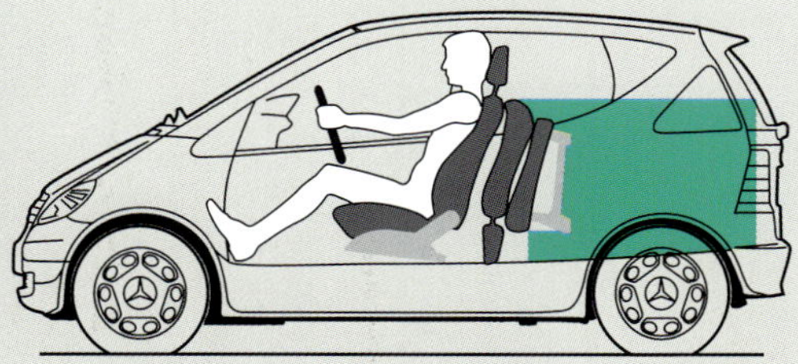

1/3- und 2/3-Teil in
Package-Stellung,
kein Sitzplatz im Fond

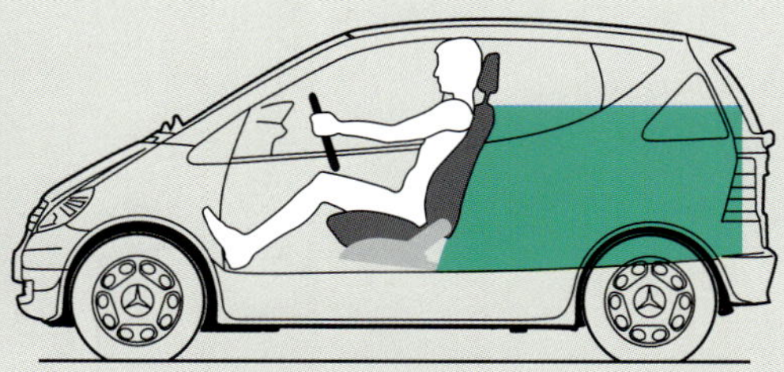

1/3- und 2/3-Teil ausgebaut,
kein Sitzplatz im Fond

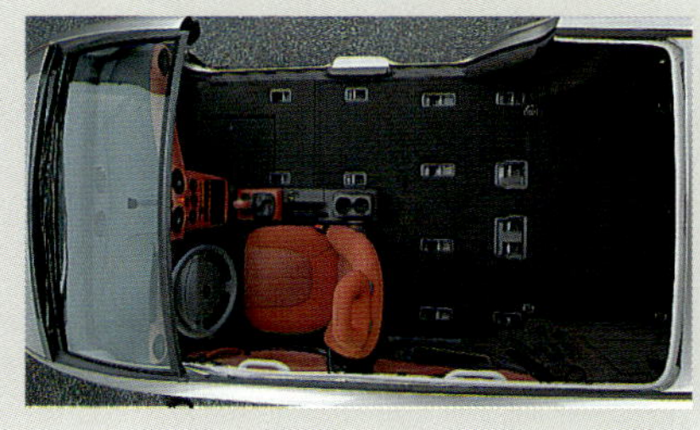
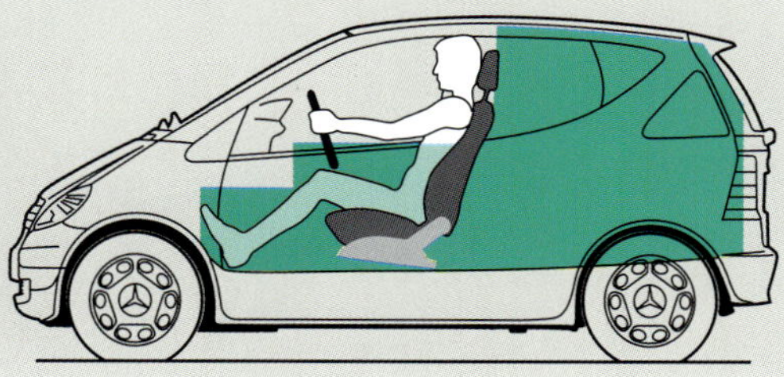

1/3- und 2/3-Teil ausgebaut,
kein Sitzplatz im Fond,
Beifahrersitz ausgebaut

Laderaumboden (Länge mal Breite)	**Ladevolumen** *
670 x 1000 mm	390 Liter (460 Liter)
1350 x 400 mm im Kofferraum: 1350 x 1000 mm	650 Liter (810 Liter)
1350 x 600 mm im Kofferraum: 1350 x 1000 mm	780 Liter (990 Liter)
910 x 1000 mm	890 Liter (1190 Liter)
1350 x 1000 mm	1040 Liter (1340 Liter)
2100 x 1000 mm hinter dem Fahrersitz: 1350 x 1000 mm	1740 Liter**

Große Klasse:
Die Ladekapazität des Kofferraums beträgt je nach Position der Sitze 390 bis 1740 Liter. Das entspricht dem Ladevolumen eines Kombis.

* **Ladevolumen bei Ausstattung mit TIREFIT-System. Nach der VDA-Meßmethode bei Beladung bis zur Oberkante der Fond- bzw. Fahrersitzlehne. Werte in Klammern: bei dachhoher Beladung.**

** **Bei dachhoher Beladung im Fond und Beladung bis zur Höhe der Bordkante im Bereich des Beifahrerplatzes.**

Praxis-Tip

Laden wie ein Profi

Durch schlecht verstaute Gepäckstücke drohen Autoinsassen im Falle eines Unfalls zusätzliche Gefahren. Deshalb gilt es, beim Beladen des Kofferraums folgende Sicherheitshinweise zu beachten:

- Die Gepäckstücke vor dem Einladen ins Auto auf einer Personenwaage wiegen und die maximale Zuladungskapazität der A-Klasse beachten. Sie beträgt je nach Modell und Ausführung rund 450 Kilogramm. Wichtig: Dieser Wert gilt für Personen und Gepäck. Wer also mit vier Erwachsenen à 75 Kilogramm auf die Reise geht, hat für Gepäckstücke noch eine ausreichende Reserve. Die maximale Kofferraum-Zuladung beträgt 100 Kilogramm.
- Koffer, Taschen und andere Gepäckstücke im Kofferraum so verstauen, daß nichts hin- und herrutschen kann. Besonders schwere und sperrige Gegenstände sollten möglichst weit nach vorne geschoben und zusätzlich mit Spannbändern oder Gurten verzurrt werden. Die A-Klasse ist mit acht speziellen Verzurrösen ausgestattet. Weitere Hinweise zur Lastenverankerung stehen in der Betriebsanleitung Interieur. Als Wunschausstattung gibt es für die A-Klasse ein spezielles Sicherheitsnetz, das den Insassen zusätzlichen Schutz vor Ladegut bietet.
- Den Reifenluftdruck sollte man bei beladenem Auto erhöhen. Es gelten die Vollastwerte in der Tabelle auf Seite 192.
- Bei Dachtransporten unbedingt auf die maximale zulässige Dachlast von 100 Kilogramm achten. Das Trägersystem ist ein Teil der Ladung und muß deshalb mit in die Gewichtsbilanz einbezogen werden. Außerdem: Die Dachlast gehört zur sogenannten Nutzlast des Wagens. Der Gesamtwert von rund 450 Kilogramm für Passagiere, Gepäck und Dachlast darf auf keinen Fall überschritten werden.

Doppelte Funktion: Die Gepäckraumabdeckung verhindert neugierige Blicke in den Kofferraum und schützt die Passagiere vor Gepäckstücken, die beim Crash nach vorne schleudern können.

Kofferraum mit den Dimensionen eines Kombis

Stichwort Ladevolumen: Dank seiner Vielseitigkeit und dank seines intelligenten Karosseriekonzeptes stößt das kleinste Mercedes-Modell in Kombi-Dimensionen vor. Selbst „Groß-Transporte" stellen kein Problem dar, denn sowohl die maximale Laderaumlänge als auch das Fassungsvermögen des Innenraums sind für ein nur 3,57 Meter langes Auto beispielhaft. Der ebene Boden, der vom hinteren Stoßfänger bis nach vorn in den Fußraum des Beifahrers reicht, die große Heckklappe und die niedrige Ladekante von nur 585 Millimetern erleichtern das Beladen des Kofferraums zusätzlich.

Mit ihren großzügigen Platzverhältnissen übertrifft die A-Klasse das Kofferraumvolumen (in Normalstellung: 390 Liter) anderer Automobile der 3,60-Meter-Klasse um durchschnittlich mehr als 30 Prozent. Die größte Differenz zu einem der Subkompakt-Wagen beträgt 182 Liter oder 52 Prozent. Modelle der Kompaktklasse, deren Karosserien im Vergleich zur A-Klasse bis zu 40 Zentimeter länger sind, haben ein durchschnittliches Kofferraumvolumen von rund 340 Litern. Das neue Mercedes-Modell ist also auch hier wettbewerbsfähig.

Aufwendiges Heiz- und Belüftungssystem

Für die A-Klasse haben die Mercedes-Ingenieure ein leistungsfähiges Heiz- und Belüftungssystem entwickelt, dessen Heizleistung dem hohen Niveau der C-Klasse entspricht. Ein vierstufiges Gebläse verteilt die Luft gleichmäßig über verschiedene Düsen und Öffnungen in der Instrumententafel und in einen speziellen Luftkanal, der unterhalb der Bodenkonsole

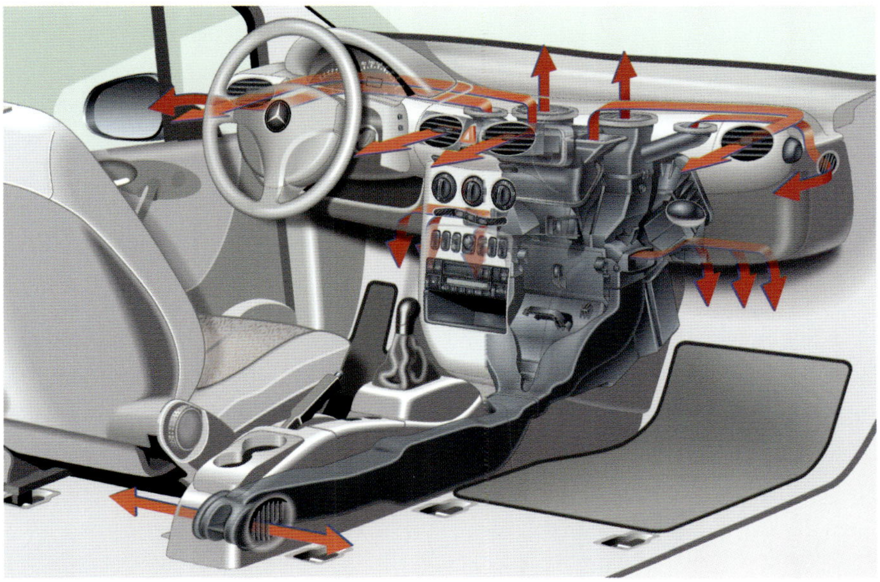

Sinnvolle Verteilung: Zum Heiz- und Lüftungssystem der A-Klasse gehört auch ein spezieller Luftkanal für den Fondbereich.

in den Fond der A-Klasse führt. Ein pfiffiges Detail: Separate Heizkanäle unterhalb der Instrumententafel sorgen dafür, daß warme Luft genau auf den Bereich der Frontscheibe trifft, wo die Scheibenwischer ihre Ruhestellung finden. Dadurch werden im Winter festgefrorene Wischergummis schnell vom Eis befreit. Die Umluftschaltung des Heiz- und Belüftungssystems gehört ebenso zur Serienausstattung wie der Staub- und Pollenfilter. Er bekommt bei Modellen mit Klimaanlage Unterstützung durch einen zusätzlichen Aktivkohlefilter, der auch Schad- und Geruchsstoffen den Weg in den Innenraum versperrt.

Klimaanlage mit Spar-Effekt

Die elektronisch gesteuerte Klimaanlage der A-Klasse ist eine Neuentwicklung, bei der die Ingenieure vor allem auf die weitere Senkung des Kraftstoffverbrauchs im Kühlbetrieb, eine noch komfortablere und geräuschärmere Funktion sowie auf die Verringerung des Gewichts geachtet haben. Dies gelingt ihnen durch Einsatz eines kupplungslosen Kältemittel-Verdichters mit hohem Wirkungsgrad. Die Kühlleistung des Systems wird je nach Innenraum- und Wunschtemperatur variabel über das Hubvolumen des Verdichters gesteuert. Darüber hinaus arbeitet die Klimaanlage nach dem sogenannten Reheat-Prinzip: Bei mehr als ein Grad Celsius Außentemperatur läuft der Kältekompressor stets mit, so daß die Luft zunächst abgekühlt und erst anschließend am Verdampfer auf die gewünschte Temperatur aufgeheizt wird. Der Vorteil: Durch das Abkühlen ist die Luft trockener, so daß beispielsweise bei feuchter Witterung Scheibenbeschlag verhindert wird.

Für gutes Klima sorgt auch eine andere Neuentwicklung, die erstmals in der A-Klasse zum Einsatz kommt: ein elektrisch betätigtes Schiebedach, das aus fünf einzelnen Stahl-Lamellen von jeweils 180 Millimeter Breite besteht. Beim Öffnen schieben sich vier dieser Lamellen im hinteren Dachbereich übereinander und stellen sich als Paket schräg nach oben. Die vorderste Lamelle bleibt vorn und dient dort als Windabweiser (siehe auch Technik-Info auf Seite 107).

Datenaustausch per CAN-Netzwerk

Weniger ist mehr – so könnte das Prinzip der Elektronik-Entwicklung in der modernen Automobiltechnik lauten. Weniger bedeutet, daß künftig nur noch ein Bruchteil der bisherigen elektrischen Leitungen benötigt wird, um die elektronischen und elektrischen Systeme in einem Personenwagen zu steuern, zu regeln oder von ihnen Daten abzurufen – und dies, obwohl ihre Zahl in modernen Automobilen ständig zunimmt. Daß durch dieses Abspecken in der Praxis tatsächlich aber mehr erreicht wird, ist ein Verdienst der

Technik-Info Lamellen-Schiebedach: Dachöffnung um 60 Prozent größer

Die neuartige Lamellentechnik des Schiebedachs bietet viele Vorteile: Weil sich die Lamellen außen zusammenschieben, bleibt die Innenraumhöhe voll erhalten. Die Kopffreiheit der Passagiere wird also – im Gegensatz zu herkömmlichen Schiebedächern – nicht eingeschränkt. Außerdem vermittelt das Lamellendach ein noch besseres Frischluftvergnügen, denn dank der platzsparenden Schiebetechnik ist die Dachöffnung rund 60 Prozent größer als bei Personenwagen mit herkömmlichem Schiebedach. Schließlich dient die neue Technik auch dem Geräuschkomfort: Die Mercedes-Ingenieure haben das neuartige Lamellensystem im Akustik-Windkanal getestet und bei geöffnetem Dach weitaus geringere Wind- und Wummergeräusche gemessen als bei einem herkömmlichen Schiebe- und Hebedach. Mittels Schalter läßt sich das Lamellen-Schiebedach in jede beliebige Zwischenposition oder in eine spezielle Belüftungsstellung bringen. In diesem Fall stellen sich nur die erste und die letzte Lamelle nach oben und lassen den Fahrtwind ins Auto strömen.

Luftiges Vergnügen: Das auf Wunsch lieferbare Schiebedach zeichnet sich durch ein neuartiges Lamellensystem aus.

Digitaltechnik. Sie erlaubt es, eine große Anzahl von Informationen nahezu gleichzeitig, absolut zuverlässig und mit hohem Tempo zu übertragen – über ein einziges Kabel.

Das Zauberwort dieser Technik lautet „Controller Area Network“ – kurz CAN. Gemeint ist damit ein leistungsfähiges Datenbus-System, das die wichtigsten Komponenten des elektronischen Netzwerks der A-Klasse miteinander verbindet, so daß im Grunde jedes Steuergerät auf die Daten jedes Sensors reagieren kann. Aus Sicherheitsgründen verwenden die Mercedes-Ingenieure jedoch nicht ein Kabel, sondern sogenannte Zweidraht-Verbindungen, die sich im Falle einer Leitungsstörung ergänzen können.

Die Grundlage für den Datenbus ist die von den Computern her bekannte Signalsprache. Sie erlaubt es, die verschiedensten, kompliziertesten Meßdaten und Steuerbefehle in einfachen binären Kombinationen auszudrükken, die nur aus den Ziffern „1“ und „0“ bestehen. So kann eine große Anzahl von Informationen fast parallel und ohne Fehler über ein einziges Kabel geschickt werden. Noch wichtiger: Die Daten werden nach dem Senderprinzip auf ihre Reise geschickt und stehen gleichzeitig jedem angeschlossenen Steuergerät zur Verfügung. Beispiel Kombi-Instrument: Es wird in der A-Klasse von einem Mikro-Computer gesteuert, der per CAN-Datenbus mit den elektronischen Systemen von Motor und Getriebe sowie dem Steuergerät der Zentralverriegelung in Kontakt steht und von dort Informationen bekommt,

Praxis-Tip

Großputz im Innenraum

- Die Stoffpolster häufig abbürsten und absaugen. Als Reinigungsmittel MB-Autoshampoo, Polsterreiniger und - bei Bedarf - Flecken-Entferner verwenden. Bei starker Verschmutzung im Trockenschaumverfahren reinigen - keine aggressiven Mittel verwenden. Das gilt auch für Dachhimmel und Hutablage.
- Für Lederpolster gibt es ebenfalls spezielle Pflegemittel. Wichtig: Ledersitze nur mit einem feuchten Tuch abwischen und nachtrocknen. Perforiertes Leder darf rückseitig nicht naß werden, deshalb besonders vorsichtig vorgehen.
- Das Kombi-Instrument mit lauwarmer Lösung (MB-Autoshampoo, neutrales Geschirrspülmittel oder Feinwaschmittel) und fusselfreiem Tuch abwischen. Keine Scheuermittel verwenden.
- Kunststoff- und Gummiteile nicht einölen oder einwachsen. Nur MB-Autoshampoo oder Kunststoffreiniger verwenden.

Nützliche Helfer:
Mit Polsterreiniger lassen sich Flecken mühelos entfernen (oben). Für die Instrumententafel empfiehlt sich ebenfalls ein spezielles Pflegemittel aus dem MB-Sortiment (unten).

die für die Tacho-Anzeige, die Wegstreckenzählung oder die Hinweise des Aktiven Service Systems ASSYST benötigt werden. Wie vorteilhaft die Datenbus-Vernetzung ist, zeigt auch das Beispiel des elektronischen Fünfgang-Automatikgetriebes in der A-Klasse. Dessen Steuergerät tauscht per CAN-System ständig Informationen mit anderen Mikro-Computern aus. So sorgt die Kommunikation mit dem Motor-Steuergerät dafür, daß sich beim Gangwechsel automatisch das Motordrehmoment für einen kurzen Augenblick reduziert, was sich durch besonders weiche Schaltvorgänge bemerkbar macht. Außerdem verschiebt das Getriebe während der Warmlaufphase des Motors die Schaltpunkte, so daß der Katalysator schneller aufgeheizt wird und noch früher mit der Umwandlung der Abgas-Schadstoffe beginnen kann.

Der Datenbus unter der Karosserie der A-Klasse vernetzt außerdem den Mikro-Computer des Motors mit den elektronischen Steuergeräten von Fahrberechtigungssystem, Antiblockiersystem, Antriebsschlupfregelung, Klimaanlage und automatischer Kupplung. Im Innenraum der A-Klasse sind die elektrischen Fensterheber per „Datenautobahn" miteinander verbunden.

Technik-Info Steuergeräte: Mikro-Computer in allen Bereichen der Karosserie

Aufgrund der kompakten Fahrzeugmaße haben sich die Mercedes-Ingenieure bei der A-Klasse für eine dezentrale Anordnung der elektrischen und elektronischen Komponenten entschieden. So sind die Steuergeräte von Ottomotoren, Automatikgetriebe und automatischer Kupplung unmittelbar in die jeweiligen Aggregate integriert. Bei den Dieselvarianten findet der Motor-Computer in einer Elektronik-Box Platz, die sich im Stirnwandbereich befindet und auch die Steuergeräte von ABS und ASR beherbergt. Das Sandwich-Konzept ermöglicht überdies eine platzsparende und sichere Anordnung der Batterie und der Sicherungen. Sie finden sich unter einem teppichkaschierten Deckel im Beifahrer-Fußraum (siehe auche Seite 90).

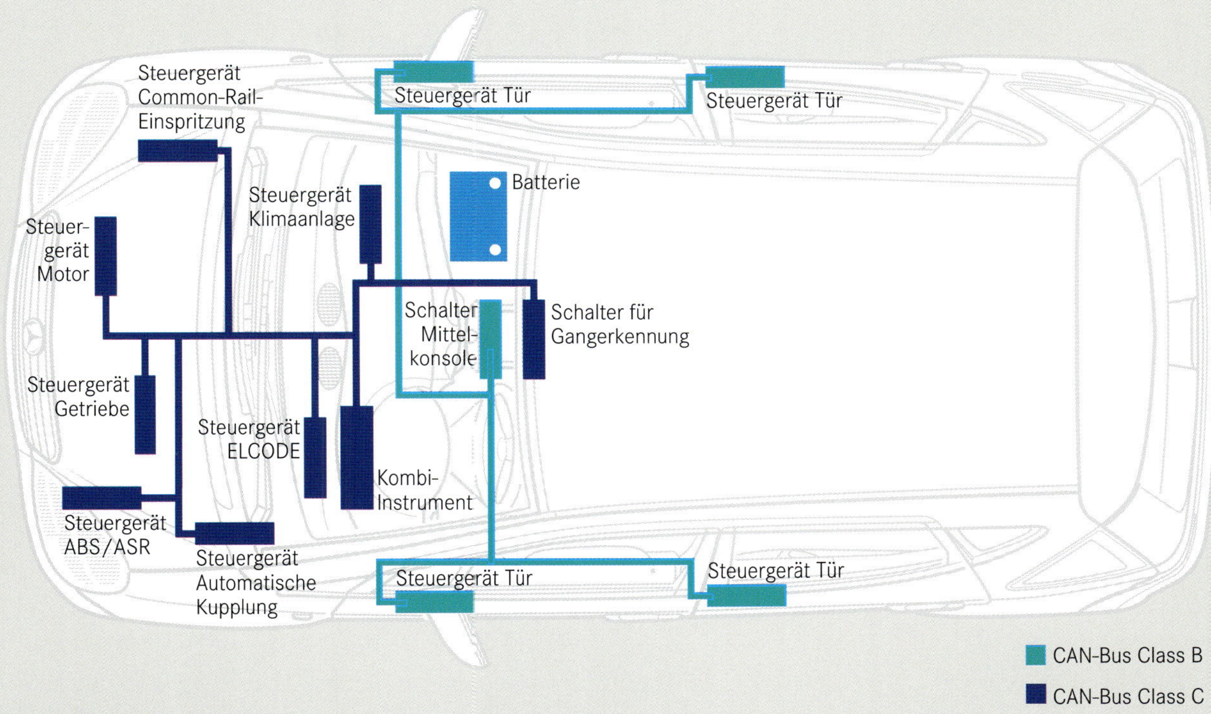

Heißer Draht:
Die verschiedenen elektronischen Steuergeräte unter der Motorhaube und im Innenraum tauschen ihre Informationen blitzschnell per Datenbus-Technik aus.

Technik-Info Datenbus: „Autobahn“ für Daten und Informationen

Ein wichtiger Pluspunkt der Datenbus-Technik ist ihre Schnelligkeit und Zuverlässigkeit. Innerhalb einer Sekunde lassen sich bis zu einem Megabit per Kupferleitung übertragen – das entspricht dem Zeicheninhalt von 30 engbeschriebenen DIN-A4-Seiten plus anschließender Datenüberprüfung. Digitalisierung der Informationen macht es möglich: Die Kombination der Ziffern „1“ und „0“ zu achtstelligen Zahlenkolonnen ergibt einen Code – mit acht dieser Bits lassen sich bereits 256 verschiedene Informationen codieren. Durch diese einfache, aber logische Sprache können die Ingenieure komplizierte Signale und Daten der Meßsensoren und Steuergeräte schnell zusammenfassen und via CAN-Bus an die vernetzten elektronischen Systeme übertragen. Das hohe Tempo der digitalen Datenübertragung ist aber vor allem auch für die Funktion von Sicherheitskomponenten wie ABS, ASR oder ESP von großer Bedeutung, denn diese Systeme müssen innerhalb weniger Millisekunden auf wechselnde Fahrzustände und unterschiedliche Fahrbahnoberflächen reagieren. Schließlich erleichtert die Bus-Technik die Diagnose der einzelnen Fahrzeugsysteme. Über eine zentrale Schnittstelle können Servicetechniker Einstellungen oder Korrekturen vornehmen und Informationen über den jeweiligen Betriebszustand der verschiedenen Komponenten abrufen. Damit läßt sich nicht nur die Qualitätskontrolle in den Automobilwerken noch weiter verbessern, auch für die Wartung und Inspektion der Fahrzeuge bedeutet die Einführung der Datenbus-Technik einen großen Fortschritt.

Elektronische Assistenten aus der S-Klasse

Wie bei jedem Mercedes-Personenwagen trägt die moderne Mikro-Elektronik auch in der A-Klasse zur Steigerung der Konditions-Sicherheit bei. Unter diesem Fachbegriff verstehen die Verkehrswissenschaftler die optimale Anpassung der Fahrzeugtechnik an den Menschen, so daß die Beanspruchung des Autofahrers vermindert wird und seine Kondition erhalten bleibt. Der vorbildliche Raumkomfort, die leicht bedienbaren Schalter, das übersichtliche Cockpit und die guten Sitze der A-Klasse leisten wichtige Beiträge zur Konditions-Sicherheit, doch das Spektrum der Maßnahmen auf diesem Gebiet ist noch umfangreicher. Mit dem Siegeszug der Mikro-Elektronik halten zuverlässige elektronische Systeme Einzug ins Automobil, die selbsttätig bestimmte Aufgaben übernehmen und den Autofahrer auf diese Weise stark entlasten. Die Ingenieure sprechen deshalb von Assistenz-Systemen.

Ebenso wie für die Top-Limousinen der S- oder E-Klasse sind solche modernen elektronischen „Helfer“ auf Wunsch auch für die A-Klasse lieferbar. Das kleinste Mercedes-Modell profitiert also von den technischen Innovationen seiner großen Markenbrüder und setzt somit auch auf diesem Gebiet Akzente. Beispiele für intelligente Assistenz-Systeme an Bord der A-Klasse:

- Auto Pilot System (APS): Das Zielführungssystem aus der S- und E-Klasse führt künftig auch Besitzer der A-Klasse sicher und streßfrei ans gewünschte Ziel. APS arbeitet mit Hilfe von Navigations-Satelliten, die stets eine genaue Standortbestimmung ermöglichen. Nachdem der Zielort programmiert ist, berechnet das System die günstigste Route und zeigt die Entfernung an. Dabei nutzt APS neben der Satellitenortung eine Magnetfeldsonde, die Radsensoren des Antiblockiersystems und eine auf CD-ROM gespeicherte digitale Straßenkarte. Das APS-Bediengerät steckt im Normeinschub des Autoradios in der Mittelkonsole und dient zugleich auch als Stereo-Empfänger und Cassettenlaufwerk.

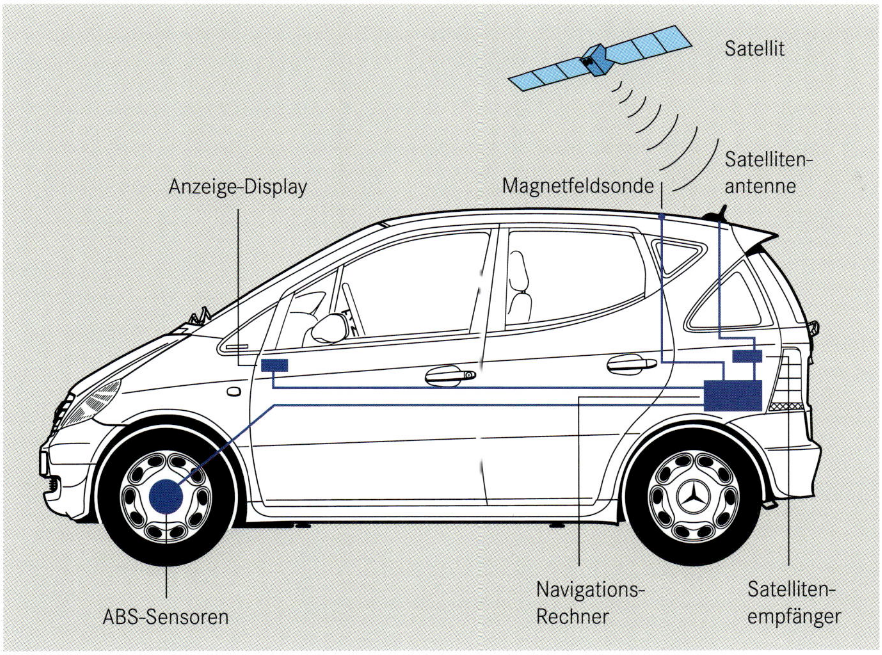

Elektronischer Pfadfinder: Das Auto Pilot System besteht aus mehreren Geräten, Sonden und Sensoren. Das Kernstück der Anlage ist ein Navigations-Computer im Kofferraum.

- SPEEDTRONIC: Der variable Geschwindigkeitsbegrenzer ergänzt bei Automatikmodellen die Funktion des bisherigen Tempomats durch eine beliebig wählbare Höchstgeschwindigkeit. Dazu betätigt der Autofahrer den „Limit“-Schalter am Tempomathebel und speichert dadurch den gewünschten km/h-Wert. Den Rest übernimmt die Elektronik. Sie sorgt dafür, daß dieses selbst gewählte Tempolimit jederzeit eingehalten wird. Ist dies an Gefällstrecken ausnahmsweise nicht möglich, schaltet das System automatisch zurück oder warnt den Autofahrer akustisch. SPEEDTRONIC macht das Autofahren im innerstädtischen Verkehr und besonders in Tempo-30-Zonen streßfreier, weil nach der 30- oder 50-km/h-Programmierung der Blick auf den Tachometer nicht mehr erforderlich ist. Wird der Tempomathebel nach dem Starten des Motors einmal kurz angetippt, stellt die Elektronik automatisch ein Tempolimit von 30 km/h ein. Die gewählte Höchstgeschwindigkeit erscheint auf dem Display in der Mitte des Kombi-Instruments.

- Parktronic-System: Die elektronische Einparkhilfe erleichtert das Einparken oder Rückwärtsfahren. Ultraschall-Sensoren senden nichthörbare Signale aus, die von Hindernissen vor oder hinter dem Auto reflektiert werden. Der Computer berechnet beim Rangieren die Entfernung zu diesen Hindernissen und informiert den Autofahrer durch farbige Anzeige-Displays oder akustische Warnsignale.

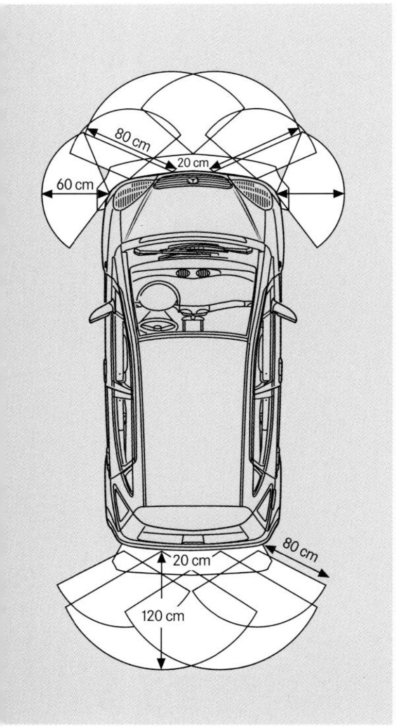

Nützliche Parkhilfe: Ultraschall-Sensoren an den Stoßfängern erfassen die Distanz zu einem Hindernis und erleichtern somit das Rangieren oder Einparken.

In puncto Autoradio haben Mercedes-Kunden die Wahl zwischen vier Geräten: den bekannten Modellen Special RDS und Exquisit RDS mit Cassettenteil oder den neuen Mercedes-Autoradios Audio 5 mit Cassettenspieler und dem Typ Spezial RDS mit integriertem CD-Spieler. Ein Soundsystem der Firma Bose und ein Sechsfach-CD-Wechsler für den Kofferraum sind ebenfalls erhältlich. Für das Klangerlebnis sorgen insgesamt sechs Lautsprecher.

Daten-Check am Zündschloß

Die Wegfahrsperre Electronic Code System (ELCODE) arbeitet nach dem Transponder-Prinzip. Sobald der Autofahrer den Fahrzeugschlüssel in das Zündschloß steckt, erfolgt zwischen dem Transponder im Schlüssel und einer Spule im Zündschloß ein elektromagnetischer Datenaustausch. Das Zündschloß aktiviert den Mikrochip im Schlüsselgehäuse und ruft dessen Code ab, der beim letzten Startversuch gespeichert wurde. Stimmt die Antwort, wird zwischen Transponder und Schloß sofort ein neuer Code vereinbart und gespeichert. Anschließend läßt sich der Motor starten.

Bei den Modellen Elegance und Avantgarde ergänzt Daimler-Benz das Electronic Code System serienmäßig durch eine elektronisch gesteuerte Zugangsberechtigung, die für die Line Classic als Wunschausstattung lieferbar ist. Das Kernstück des Systems ist ein elektronischer Schlüssel mit integriertem Funksender, der auf Knopfdruck zunächst nur die Fahrertür und die Tankklappe entriegelt. Erst beim zweiten Tastendruck öffnen sich auch die Verriegelungen der anderen Türen und der Heckklappe. Ein weiterer Schalter im Gehäuse des elektronischen Schlüssels dient zum Verriegeln aller

Türen. Die einwandfreie Funktion des Systems wird durch Lichtzeichen bestätigt: Nach dem Verriegeln leuchten die vorderen und hinteren Blinker der A-Klasse dreimal auf, beim Entriegeln blinken die Leuchten einmal.

Neben dieser neuartigen Zugangsberechtigung, deren Codes per Computer nach jedem Öffnungs- oder Schließvorgang geändert werden, sind die Lines Elegance und Avantgarde mit einer automatischen Türverriegelung ausgestattet: Werden Türen und Heckklappe der A-Klasse mittels Funk-Fernbedienung entriegelt, aber innerhalb von 40 Sekunden nicht geöffnet, verriegelt das System wieder alle Türen sowie die Tank- und Heckklappe. Außerdem schaltet sich – falls vorhanden – automatisch die Diebstahlwarnanlage ein. Auch nach dem Anfahren verriegelt ELCODE automatisch alle Türen, so daß die Insassen bei Ampelstopps vor räuberischen Angriffen besser geschützt sind. Da gleichzeitig auch die Heckklappe automatisch verschlossen wird, ist das Gepäck ebenfalls diebstahlgeschützt.

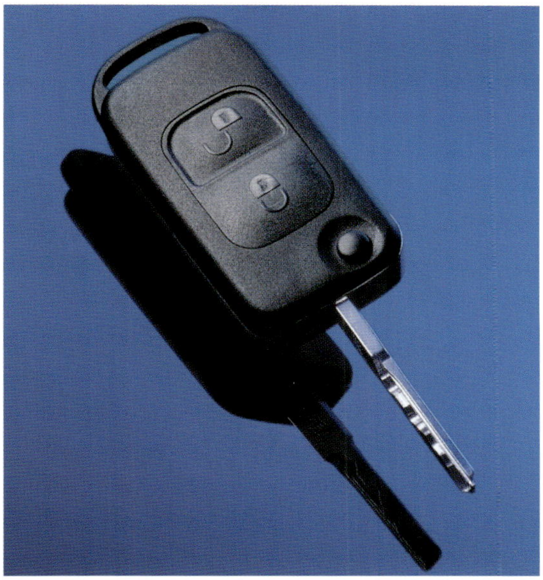

Elektronischer Schlüssel: Mit Hilfe von Funksignalen läßt sich die Schließanlage der A-Klasse auch aus der Ferne bedienen.

Ideenträger:
Das „Nahverkehrs-Fahrzeug" (vorne) war Anfang der achtziger Jahre Wegbereiter für einen zukünftigen Mercedes-Kompaktwagen. Mitte 1993 nahm dieses Projekt in Form der Studie A (Mitte) konkretere Gestalt an. Das Ergebnis heißt A-Klasse (hinten).

Kurzer Prozeß

Vom NAFA zur A-Klasse

An der Idee eines innovativen Kompaktwagens mit mercedestypischer Sicherheit und vorbildlicher Raumökonomie arbeiten Mercedes-Ingenieure zwar schon seit den achtziger Jahren. Doch erst die Erfindung des Sandwich-Konzepts gab diesem interessanten Projekt eine Chance.

S MK 1107
BB ZK 5

Um die Kundenwünsche nach einem innovativen, sicheren und variablen Kompaktautomobil à la Mercedes-Benz zu erfüllen, waren völlig neue Auto-Ideen gefragt. NAFA und Studie A lenkten die Entwicklung dieses Modells in die richtigen Bahnen.

Sie nannten es „Vesperwägele". Kurz und knuffig stand es auf seinen schmalen Reifen und regte zur Diskussion an. „Ein Mercedes, der nur 2,50 Meter lang ist? Der taugt ja nur zum Brötchen holen", wetterten die einen und gaben ihm jenen schwäbischen Spitznamen. „Interessant, endlich ein Auto, mit dem man in der Stadt keine Probleme hat", lobten es die anderen.

Das war im Sommer 1982. „Nahverkehrs-Fahrzeug" – kurz NAFA – lautete die offizielle Bezeichnung des Mini-Mobils, das Forschungs-Ingenieure von Daimler-Benz entwickelt hatten. Eine Auto-Studie mit Frontantrieb, zwei Sitzplätzen, Schiebetüren und großen Fensterflächen, die eine optimale Rundumsicht ermöglichen. Ideen für ein innovatives Stadtfahrzeug à la Mercedes-Benz, das in einer verlängerten Version auch als variabler Drei- und Viersitzer geplant war. Der Urahn der A-Klasse.

Daß die Studie damals nicht in Serie ging, hatte handfeste Gründe: Der Kleinstwagen scheiterte an den strengen Sicherheitskriterien der Marke Mercedes-Benz, die dem Insassenschutz höchste Priorität einräumen. Um diese Hürden zu nehmen, waren neue Ideen notwendig, die es zum damaligen Zeitpunkt nicht gab und die erst Jahre später in Form des Sandwich-Konzepts konkrete Gestalt annahmen. Trotzdem: Als Wegbereiter für ein neuartiges Mercedes-Kompaktmodell leistete das NAFA wertvolle Dienste.

Marktforschung: Kundenwünsche im Mittelpunkt

So begann ein mehrjähriger Forschungsprozeß, bei dem anfangs nicht nur technische Aspekte, sondern vor allem auch Kundenwünsche, Verkehrsanalysen und die Ergebnisse soziologischer Untersuchungen im Vordergrund standen. Mercedes-Marktforscher sprachen mit mehr als 1000 europäischen Autofahrerinnen und Autofahrern und erkundigten sich nach ihren Vorstellungen über das Auto der Zukunft. Ergebnis: Die Zeit für ein innovatives Kompakt-Automobil, das weniger Verkehrsfläche beansprucht, weniger Kraftstoff verbraucht und weniger Abgasschadstoffe produziert, war reif. Nur: Wie läßt sich ein Auto mit den Dimensionen eines Kleinwagens und dem Platzangebot einer Mittelklasse-Limousine konstruieren? Wie können die strengen, firmeninternen Sicherheitsvorschriften mit einer Kleinwagen-Karosserie erfüllt werden? Kein Zweifel: Neue Auto-Ideen waren gefragt – Ideen, die den Weg für eine völlig neue Fahrzeugklasse bahnen.

Alle Kriterien wurden in einer Matrix zusammengestellt und bewertet. Zur Diskussion standen ein konventionelles Frontantriebskonzept und ein neuartiges Prinzip, bei dem die Antriebseinheit in einer Schräglage teils vor, teils unter der Fahrgastzelle untergebracht ist, so daß sie beim Crash nach unten wegtauchen kann und die Insassen nicht gefährdet. Die Aufteilung der Karosserie in zwei horizontale Ebenen gab dieser Erfindung ihren Namen: Sandwich-Konzept.

Verwandlung:
Während das NAFA aus dem Jahre 1982 nur ein Technologieträger war, ließ die Studie A bereits 1993 erahnen, wie sich der zukünftige Mercedes-Kompaktwagen einmal darstellen wird.

Show-Cars: Zwei Prototypen für die Automobil-Ausstellung

Das wegweisende Prinzip war denn auch der Impuls für die Realisierung eines zweiten NAFA-Projekts als Grundlagen-Studie. 28. November 1991, 8.00 Uhr: Ingenieure der Mercedes-Vorentwicklung stellen die neue Auto-Idee dem Vorstand vor und bekommen grünes Licht für die Herstellung zweier fahrbereiter Prototypen – eine Version mit Elektroantrieb und eine andere mit Verbrennungsmotor. Das Ziel des Daimler-Vorstands war es, diese Auto-Studien auf einer Messe der Öffentlichkeit vorzustellen und die Kunden nach ihrer Meinung zu fragen. Ort und Termin: Frankfurt am Main, Internationale Automobil-Ausstellung im September 1993.

Doch es kam anders. Schon bei der Präsentation des Designs im Juni 1992 beschlossen die Stuttgarter Auto-Manager, die Weichen in Richtung Serienproduktion zu stellen. Ein Arbeitskreis begann, alle Kriterien für ein mögliches Serienauto in einem sogenannten Rahmenheft festzuhalten. Fortan lief der Prozeß zweigleisig: Ein Team von Vorentwicklern und Designern kümmerte sich um die Studien für die IAA, während ab Januar 1993 ein Projekt-Team mit der Entwicklung des Serienautos begann, das heute A-Klasse heißt.

Gleichklang:
Große Glasflächen, die dem Autofahrer im Stadtverkehr eine tadellose Rundumsicht ermöglichen, prägten von Anfang an das Design des Kompaktwagens.

Unterschiede:
Die Meinung der Kunden beeinflußte die Konzeption des Mercedes-Kompaktwagens. So entwickelte sich aus dem nur 2,50 Meter kurzen Zweisitzer NAFA ein familientaugliches Automobil mit allen Mercedes-Qualitäten.

Die IAA-Präsentation der Studie A als Vorläufer, Ideenträger und Versuchsobjekt der zukünftigen A-Klasse bestätigte Daimler-Benz in der Entscheidung für das Kompakt-Automobil. Die Reaktionen des Publikums und der Presse waren überwältigend. Rund 1800 Zeitungsartikel mit einer Gesamtauflage von 930 Millionen Exemplaren berichteten über die Studie A, die damit der unumstrittene Star der Frankfurter Auto-Show war. Auch die Messebesucher waren begeistert. Die Frage, ob Daimler-Benz dieses Auto bauen soll, beantworteten 90 Prozent der Messebesucher mit „Ja“, weil ein Mercedes-Benz mit seinen markentypischen Qualitäten in dieser Fahrzeugklasse langgehegte Kundenwünsche erfüllt. In Japan, wo die Mercedes-Studie wenige Wochen später die Attraktion der „Tokio Motor Show“ war, wünschten sich sogar 95 Prozent der Befragten einen baldigen Serienstart dieses innovativen Modells.

Die Meinung der Kunden stand auch während der Entwicklungsphase der A-Klasse stets im Mittelpunkt. Regelmäßige Kunden-Interviews brachten weitere Hinweise und Anregungen, die berücksichtigt wurden. So trugen die Mercedes-Ingenieure beispielsweise dem Wunsch junger Familien Rechnung und verlängerten die Karosserie des neuen Modells auf 3,57 Meter (Studie A: 3,35 Meter), was in erster Linie dem Platzangebot im Kofferraum zugute kam. Ergebnis: Auch wenn die Sitzplätze im Fond besetzt sind, läßt sich ein Kinderwagen bequem im Heckabteil der A-Klasse abstellen.

Entscheidung: Produktion am Standort Deutschland

Klarer Fall also: Die Marktchancen für ein Mercedes-Modell dieser Größenklasse waren gut, so daß die Serienentwicklung auf Hochtouren weiterlief. Deshalb mußte auch rasch ein geeigneter Produktionsstandort gefunden werden – ein Werk, dessen Kapazität für eine Großserien-Produktion von bis zu 200 000 Fahrzeugen pro Jahr ausreichte. Die Entscheidung fiel

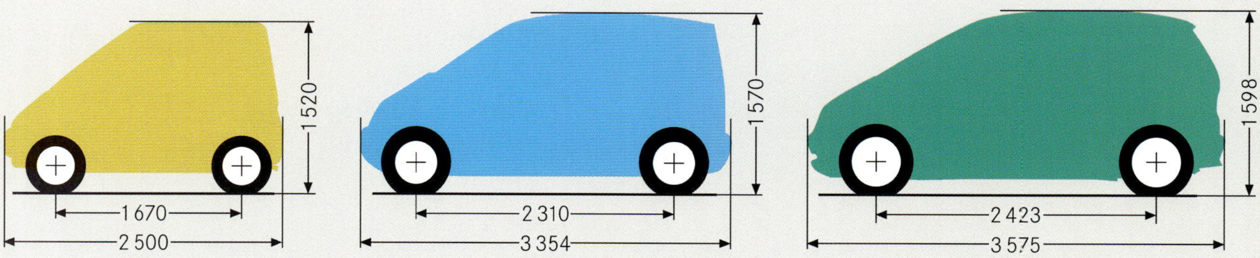

auf das neuerrichtete Daimler-Werk in Rastatt. Eine wegweisende Betriebsvereinbarung zur Kostenreduzierung und Produktivitätssteigerung machte es möglich.

Zehn Tage vor Weihnachten 1993, also zur gleichen Zeit, als die Verhandlungen in Rastatt liefen, luden die Designer Vorstand, Direktoren und Projektleitung in den Sindelfinger Kuppelbau, um ihnen sechs Design-Modelle zu präsentieren. „Einer wird gewinnen" lautete das Motto der Veranstaltung, an deren Ende das Exterieur- und Interieur-Design der A-Klasse feststand. Jetzt konnte das Entwicklungsteam voll durchstarten und die Technik exakt an das neue Modell anpassen, das bereits 32 Monate später vom Montageband fahren sollte. Ein ehrgeiziges Ziel, denn in der kurzen Zeit hatten die Ingenieure fast doppelt so viele Aufgaben zu lösen wie bei einer anderen Pkw-Neuentwicklung. Denn während fast jedes neue Auto auf einem Vorgängermodell basiert, von dem Teile übernommen oder nur geringfügig modifiziert werden, war bei der A-Klasse alles neu – vom Motor bis zur Heckklappe.

Prozeß:
Die formale Entwicklung der Heckpartie zeigt, wie sich aus dem kastenförmigen NAFA-Design ein attraktives Automobil entwickelte.

Meilenstein: Bewährungsprobe fürs Sandwich-Konzept

Ein wichtiger Aspekt war zweifellos die sicherheitstechnische Optimierung des neuartigen Karosseriekonzepts. Auch hier war Pionierarbeit zu leisten. Noch nie zuvor hatte ein 3,57 Meter kurzes Automobil so hohe Sicherheitsanforderungen zu erfüllen, und noch nie zuvor hatte ein Pkw-Hersteller versucht, das physikalisch bedingte Crash-Handicap solcher Automobile durch ein neuartiges Karosseriekonzept zu kompensieren. Computer-Simulationen wiesen den Mercedes-Ingenieuren den Weg, zahlreiche Crash-Versuche dienten der Detail-Optimierung und bewiesen schließlich die Richtigkeit der zukunftsweisenden Neuentwicklung.

Ab April 1995 standen die ersten Prototypen auf den Rädern, die dann zur Praxiserprobung rund um die Welt starteten. Vorher hatten die Ingenieure die Technik des neuen Modells bereits mit Hilfe sogenannter Aggregateträger getestet, deren äußeres Erscheinungsbild der Studie A ähnelte. Eine wichtige Prototypen-Probe stand am 7. September 1995 auf dem Programm: Crash-Test A-Klasse gegen E-Klasse. Mit diesem Fahrzeug/Fahrzeug-Crash wollten die Mercedes-Fachleute gleich von Anfang an auf Nummer Sicher gehen und die Insassensicherheit bei einer typischen Gegenverkehrskollision mit einem größeren Unfallgegner testen. Noch nie zuvor fand bei Daimler-Benz ein solcher Test schon in der Prototypen-Phase eines neuen Modells statt. Das Ergebnis war beeindruckend – das Sandwich-Konzept bewährte sich aufs neue.

Theorie und Wirklichkeit

Modellkonzeption im Forschungslabor

***B**ei der Konzeption der neuen A-Klasse setzten Wissenschaftler und Ingenieure von Daimler-Benz weltweit einzigartige Forschungsinstrumente ein.*

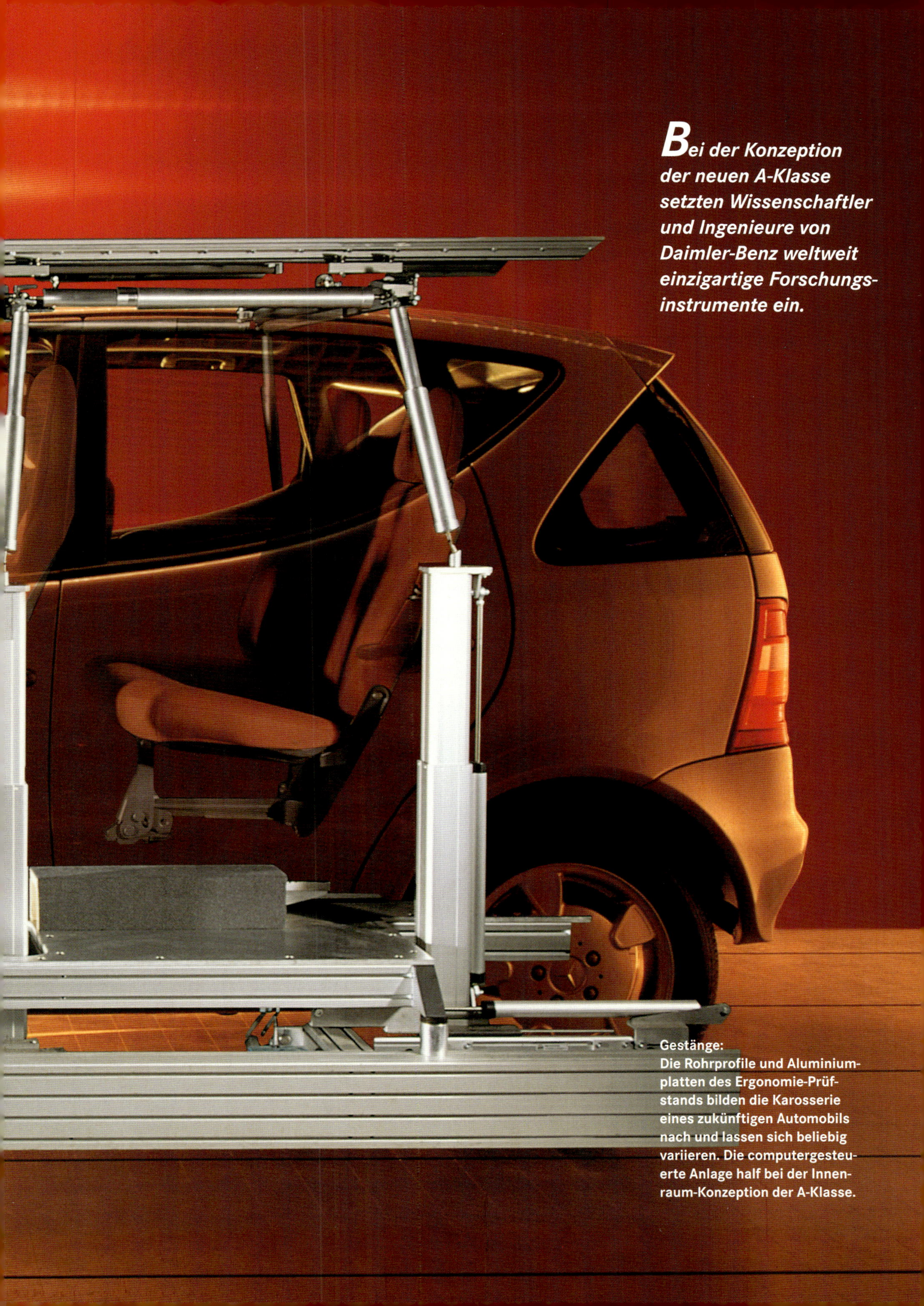

Gestänge:
Die Rohrprofile und Aluminiumplatten des Ergonomie-Prüfstands bilden die Karosserie eines zukünftigen Automobils nach und lassen sich beliebig variieren. Die computergesteuerte Anlage half bei der Innenraum-Konzeption der A-Klasse.

Der Fahrsimulator ermöglicht wirklichkeitsgetreue Testfahrten durch imaginäre Städte und Landschaften. Hier testeten die Ingenieure lange vor dem Bau erster Prototypen das Fahrverhalten der A-Klasse und wählten die richtige Hinterachse aus.

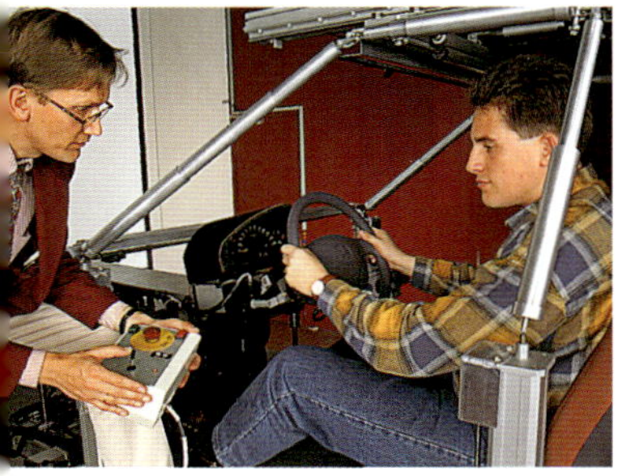

Einstellung:
Am Ergonomie-Prüfstand lassen sich die Innenraum-Dimensionen eines Personenwagens per Knopfdruck verändern.

Mannschaft:
Autofahrerinnen und Autofahrer mit unterschiedlichen Körpermaßen kamen zum Ergonomie-Test und halfen den Wissenschaftlern bei der Suche nach der optimalen Sitzeinstellung und Schalterplazierung.

Das Test-Team ist pünktlich angetreten. Zwei Frauen und drei Männer, alle zwischen 1,52 und 1,93 Meter groß und zwischen 46 und 100 Kilogramm schwer. Ihre Aufgabe: Probesitzen in einem Automobil, das es noch gar nicht gibt. Ein einzigartiger Prüfstand im Forschungsinstitut Mercedes-Benz macht diesen Trick möglich – wirklichkeitsgetreu. Erst einzeln nacheinander mal vorne, mal hinten, dann gemeinsam klettern die Probanden auf die Sitze in einem Metallgerippe, das dem Überrollkäfig eines Rallye-Autos ähnelt. Zwei Wissenschaftler verteilen einen achtseitigen Fragebogen. Darauf müssen die fünf jeweils 44 Antworten ankreuzen. Etwa: Wie beurteilen Sie den Abstand zwischen Lenkrad und Oberschenkel? Wie empfinden Sie die Unterstützung des Lendenbereichs durch die Rückenlehne? Oder: Halten Sie die Anordnung der Einzelanzeigen und Bedienelemente für sinnvoll?

„Sitzkiste" nennen die Mitarbeiter des Forschungsinstituts liebevoll hänselnd das Metallgerippe mit den Konturen eines richtigen Autos. Doch was primitiv klingt und auf den ersten Blick nach grober Schlosserarbeit aussieht, ist tatsächlich eine High-Tech-Weltneuheit in der Automobilentwicklung. Denn mit dem variablen Ergonomie-Prüfstand, wie die „Kiste" offiziell heißt, können die Konstrukteure in Stuttgart die Innenraumkonzepte

neuer Mercedes-Modelle mit allen Maßen und Bedienelementen realistisch aufbauen und stufenlos verändern – noch ehe der erste Prototyp auf Rädern steht. So half das High-Tech-Wunderwerk auch bei der Grundkonzeption der A-Klasse – Ergonomie-Entwicklung mit neuesten Methoden und Verfahren. Und mit vorzeigbaren Ergebnissen.

„Sitzkiste“ der Wissenschaftler: Einstellungen nach Maß

Zurück ins Forschungslabor: Rund 70 Elektromotoren halten das Gefüge aus Aluminiumprofilen und -platten in Bewegung. Mit ihnen bilden die Fachleute am Prüfstand Dach, Motorhaube, Boden und Säulen der A-Klasse nach. Die zu den drei Säulenpaaren gehörenden Dachspanten sind jeweils unabhängig voneinander längs, hoch und quer verstellbar. Durch Bewegung der A-Säule kann sogar die Neigung der Frontscheibe und die Höhe der Armaturentafel gesenkt werden. Claudio, mit 191 Zentimetern Körperhöhe und 100 Kilogramm das Schwergewicht unter den Testern, sitzt als erster hinter dem Lenkrad. Sein Urteil fällt deutlich aus: Den Abstand zwischen Schulter und Türverkleidung findet er „wenig üppig“, ebenso den „Luftraum zwischen Scheitel und Dach“. Der Versuchsleiter schwenkt den Hebel des tragbaren Bedienpultes wie die Fernsteuerung eines Modellflugzeuges kurz nach oben oder unten, rechts oder links. Überall surrt und summt es im Sitzkäfig. Die Dachsäulen fahren nach außen, das Dach wächst nach oben. So bringt der Forscher den Käfig auf den Raumkomfort für den Mann mit Gardemaß und speichert die Einstellungen.

Anschließend müssen die restlichen vier Probanden in den Einzeltest: Cornelia, „Fliegengewicht“ mit 152 Zentimetern bei 46 Kilogramm, Sybille, „Normalfrau“ mit 168 Zentimetern bei 58 Kilogramm, Hermann, ein Mann des „oberen Durchschnitts“ mit 185 Zentimetern bei 79 Kilogramm, und

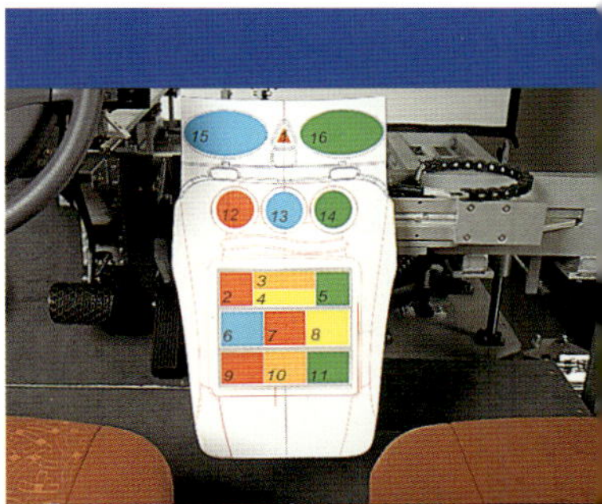

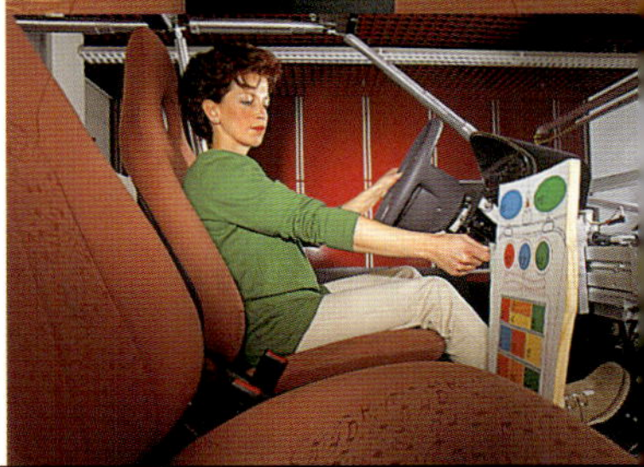

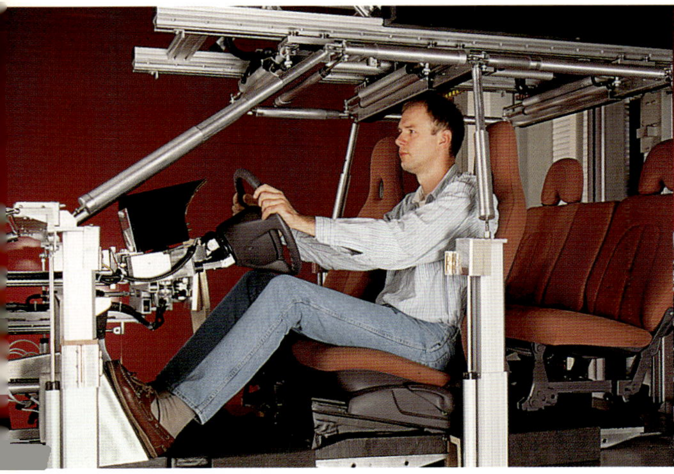

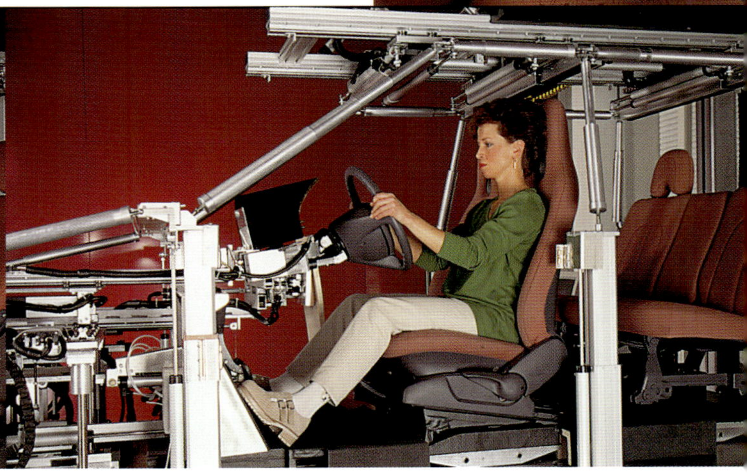

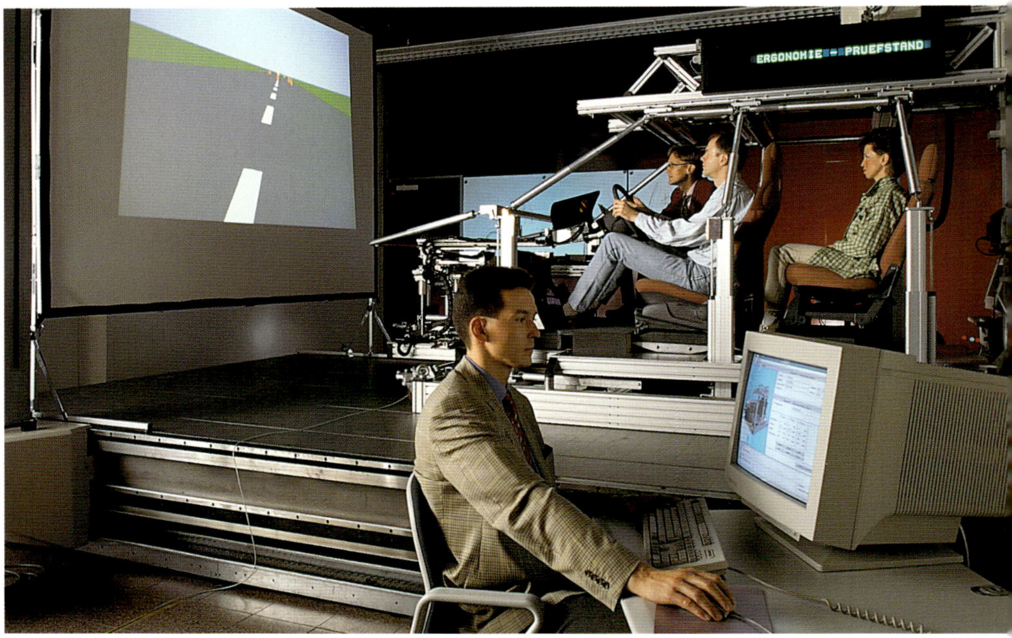

Probefahrt:
Bei der Tour über den „Nürburgring" wurde die optimale Anordnung der Schalter und Bedienhebel gefunden. Der Test im Innenraum eines Prototyps der A-Klasse, der Jahre später stattfand (rechts), bestätigte die Ergebnisse aus der Konzeptionsphase.

Roman, eine „Riese" mit 193 Zentimetern bei 78 Kilogramm. Für jeden wechselt die „Sitzkiste" die Innenmaße samt Pedalerie, Lenkrad, Armaturentafel und Mittelkonsole in die jeweils individuell optimale Position. Jede Veränderung wird nach Größen- und Gewichtsklasse gespeichert.

Die Ergonomie-„Sitzungen" waren ein wichtiger Baustein in der Konzeptphase der A-Klasse. Die neue Modellreihe mißt zwar in den Außenmaßen nur 3,57 Meter und ist damit kürzer als die meisten konventionellen Kompaktwagen, soll aber, so stand es von Anfang an im „Lastenheft" der Entwicklungs-Ingenieure, nahezu den gleichen Innenraumkomfort bieten wie beispielsweise die Mercedes-Benz C-Klasse. Sandwich-Konzept heißt das Lösungswort für diese hochgesteckten Ziele: Antriebseinheit und Nebenaggregate sind teils vor, teils unter dem Boden des Fahrgastraumes angeordnet, so daß der Innenraum fast in voller Länge nutzbar ist – und zwar vom vorderen bis zum hinteren Stoßfänger (siehe auch Seite 100).

Nürburgring auf der Leinwand: Schalter im Ergonomie-Test

Auch auf die Meinung der Autofahrerinnen und Autofahrer zur Position der Schalter und Bedienelemente waren die Ergonomie-Forscher besonders scharf. Dazu dienten beispielsweise umfangreiche Versuchsreihen zur Anordnung der Tasten und Regler sowie deren Farbkennzeichnung in unterschiedlichen Blickfeldabschnitten. Mitunter provozierten die Wissenschaftler dabei drastische Schockerlebnisse, um in Zweifelsfällen klare Aussagen

Praxistests:
Zur vorbildlichen Ergonomie des Innenraums gehört neben der griffgünstigen Schalter-Plazierung (oben und Mitte) auch der hohe Komfort beim Ein- und Aussteigen (unten), den die Wissenschaftler mit Hilfe eines modernen Videoverfahrens optimierten.

zu finden. Szene aus dem Testalltag auf dem Prüfstand: Testerin Cornelia fährt flott über den per Video-Projektion, Großformat-Leinwand und interaktivem Computer-Programm simulierten Nürburgring. „Schalten Sie bitte Nummer 14 ein", bittet sie der Ergonomie-Forscher plötzlich vom Beifahrersitz aus. Nummer 14 ist ein dunkelgrüner Punkt auf einer Papptafel, der provisorischen Mittelkonsole. Hier soll später der Regler fürs Lüftungsgebläse seinen Platz finden. Vielleicht. Cornelia, die Kleinste unter den Probanden versucht auf den Schalter zu tippen. Noch während sie den Arm streckt, um den Regler zu treffen, taucht plötzlich die nächste Kurve auf. Mit einer Hand versucht sie, den Wagen auf Kurs zu halten und sucht gleichzeitig nach „Position 14". Das klappt nicht: Der Wagen kommt von der Fahrbahn ab. Die Unfallursache: falsche Schalterplazierung.

Die richtigen Maße für die Anordnung und Gestaltung der Bedienhebel lieferten die Fachleute aus dem Forschungsinstitut Mercedes-Benz an ihre Kollegen der Innenraumentwicklung – meist direkt per Datenleitung. Der Rechner des Ergonomie-Prüfstands dirigiert nämlich nicht nur nach manueller Eingabe die 70 Elektromotoren, er steht auch in direkter Verbindung mit dem Konstruktionssystem „CATIA", das die Entwicklungsbereiche nutzen. Der Vorteil: Alle Positions- und Einstelldaten, die während der Probesitzungen am interaktiven Bedienpult der supermodernen Sitzkiste gefunden und programmiert wurden, können in den Konstruktionsabteilungen sofort ausgewertet werden. Was die Ingenieure nüchtern als „bidirektionale Schnittstelle" bezeichnen, ist neben dem variablen Rohr-Käfig ebenfalls weltweit einmalig an dem Ergonomie-Prüfstand.

Vorbereitung:
Ein Kran hebt das Vorserienmodell der A-Klasse in die Kabine des Fahrsimulators.

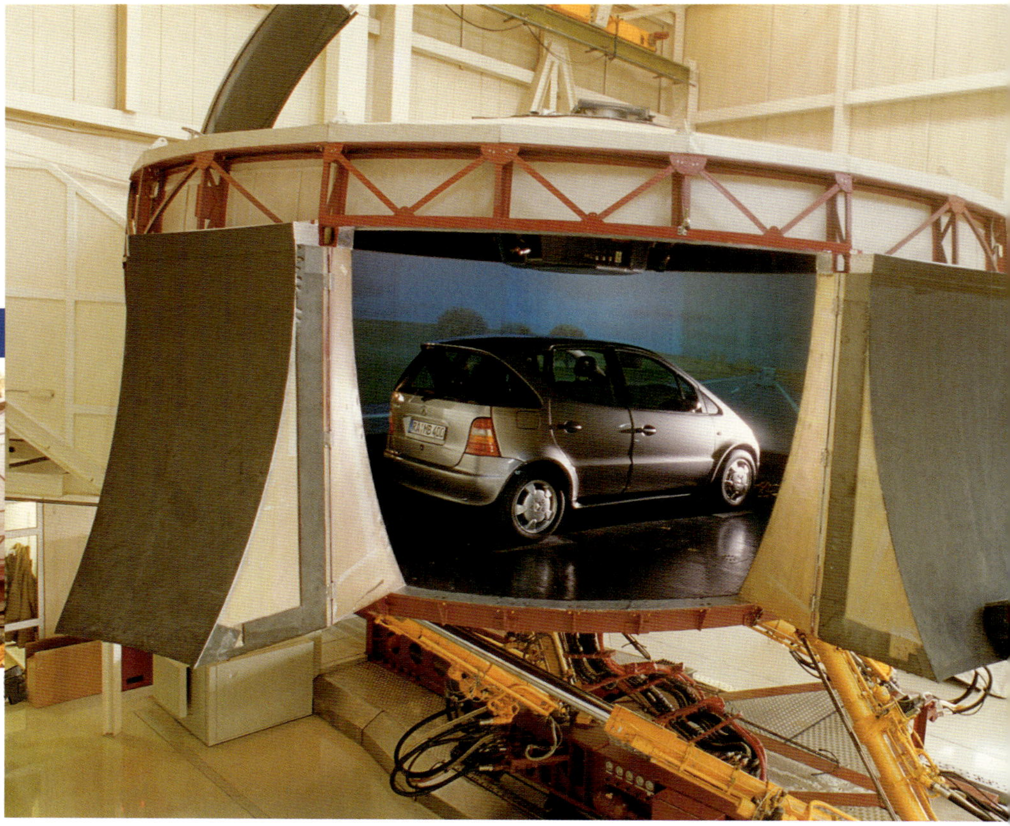

Generalprobe vor dem Serienstart: Prototyp im Labor

Sommer 1996. Die Konzeptphase der A-Klasse ist längst abgeschlossen. Wieder tritt das fünfköpfige Test-Team im Forschungsinstitut an. Diesmal steht statt der „Sitzkiste“ einer der ersten Prototypen auf dem Prüfstand. Meinungen und Testergebnisse aus zahlreichen Sitzproben sind in den zurückliegenden Monaten in die Konstruktion eingeflossen. Jetzt läuft die Generalprobe der serienreifen A-Klasse im Ergonomie-Labor.

Auch diesmal ist Cornelia auf dem imaginären Nürburgring unterwegs. „Nummer 14“ ist jetzt kein Farbpunkt auf dem provisorischen Holzbrett mehr, sondern der griffige Drehschalter für die Gebläsestufen, nach dem „Unfall“ während der Konzeptphase allerdings an den linken Rand der Mittelkonsole umgesetzt. Cornelia stellt die Gebläse-Geschwindigkeit eine Stufe höher – und bleibt bei flotter Fahrt sicher auf Kurs. Und Claudio, der Mann mit dem Gardemaß, hat nach den zahlreichen „Umbauten“ keine Platzangst mehr. Nach seiner Abschlußsitzung in der A-Klasse glaubt er, „nicht mehr in einem so kurzen Auto zu sitzen.“ Bei der ersten Anprobe mußte er noch den linken Oberarm etwas anlegen. Jetzt kann er ihn sogar leicht abspreizen, ohne den Ellenbogen an die Türverkleidung zu stoßen. Sybille kramt unterdessen ihren Fragebogen aus der Konzeptphase hervor. „Etwas zu hoch“

Testfahrt:
Ein aufwendiges Hydrauliksystem ermöglicht die wirklichkeitsgetreue Simulation aller Fahrzeugbewegungen.

hatte sie dort auf die Frage angekreuzt, wie der obere Rand des Kombi-Instrumentes für die freie Sicht nach draußen sei. „Das stimmt nicht mehr", ist sie sicher und korrigiert ihre damalige Meinung. Das Urteil: „Genau richtig".

Slalomfahrt in der Scheinwelt: Achsen-Test per Simulator

Ein weltweit einzigartiges Forschungssystem half auch bei der Auswahl und Abstimmung der Achsen für die A-Klasse. April 1993: Im Berliner Fahrsimulator der Daimler-Benz AG treffen sich Automobil-Ingenieure zu einem ungewöhnlichen Experiment – zum Fahrdynamik-Test mit einem Automobil, das es noch gar nicht gibt. Erst vor wenigen Monaten gab der Mercedes-Vorstand grünes Licht für die A-Klasse, die bereits Mitte 1997 fix und fertig auf den Rädern stehen soll. Schnelle Entscheidungen sind notwendig, um die Entwicklung gleich von Anfang an in die richtigen Bahnen zu lenken. Ein zentrales Thema ist die Auswahl eines Fahrwerks, das mit dem neuartigen Karosseriekonzept harmoniert und das neben mercedestypischem Komfort auch ein hohes Maß an Fahrdynamik ermöglicht. Für umfangreiche Grundsatz-Untersuchungen mit verschiedenen Achstypen, die normalerweise bei der Konzeption eines völlig neuen Automobils auf dem Programm stehen, fehlt diesmal die Zeit. Deshalb treffen sich die Ingenieure im Fahrsimulator, der den Stuttgarter Auto-Entwicklern zunehmend als multifunktionaler Prüfstand dient. Hier haben sie die Möglichkeit, verschiedene Achssysteme auf virtuellem Wege zu testen und in kurzer Zeit miteinander zu vergleichen. Dazu benötigen die Forscher lediglich genaue Angaben über das Auto wie Länge, Breite, Höhe, Radstand, Spurweite und so weiter, die sie mit den Konstruktionsdaten der jeweiligen Achsen kombinieren. Aus diesen Angaben baut der Computer ein imaginäres Auto, mit dem die Test-Profis die Fahreigenschaften eines künftigen Modells erkennen können.

Was so einfach klingt, ist in Wahrheit ein überaus kompliziertes Rechenverfahren, das tagelange Vorbereitungen erfordert. Immerhin muß die Hydraulik des Fahrsimulators alle Bewegungen des Autos in Echtzeit ausführen: Steuert der Wagen in eine Linkskurve, muß sich die Plattform im gleichen Augenblick und genau in dem Maße nach rechtsaußen neigen, wie es der Querdynamik des Autos entspricht. Bis zu 100 Mal pro Sekunde berechnet der Computer bei solchen Fahrmanövern das Verhalten des Wagens und erteilt der Hydraulik des Simulators die entsprechenden Befehle. Perfekt wird die Illusion aber erst, wenn der Fahrer am Lenkrad auch die entsprechenden Rückstellkräfte spürt und sogar das Quietschen der Reifen hört. Dies und noch viel mehr ist in dem Berliner Fahrsimulator ebenfalls möglich.

Die Elektronik sorgt schließlich auch für die gewünschte Umgebung. Auf Knopfdruck projiziert das Bildsystem komplette Straßenszenen mit Häusern, Verkehrsschildern, Fußgängern und Gegenverkehr auf die 180-Grad-Leinwand oder bildet jene Strecken nach, die den Fahrwerks-Ingenieuren am

Meinungsaustausch: Nach Touren durch die imaginäre Stadt- und Landschaftskulisse des Fahrsimulators (rechts) diskutierten die Ingenieure über die Fahreigenschaften der verschiedenen Hinterachsen (unten).

liebsten sind: Kurven für Lastwechselreaktionen, Strecken mit extremem Seitenwind und die sogenannte ISO-Wedelgasse, mit deren Hilfe die Experten bei schneller Fahrt einen doppelten Fahrspurwechsel simulieren.

Entscheidungshilfe durch Simulation: Drei Achsen zur Auswahl

Solche Fahrmanöver standen auch im April 1993 auf dem Programm, als die Mercedes-Ingenieure ihre virtuellen Testfahrten mit der A-Klasse starteten. Drei verschiedene Hinterachssysteme hatten die Berliner Simulator-Fachleute nach den Vorgaben der Kollegen aus der Fahrdynamik-Berechnung in Stuttgart-Untertürkheim programmiert: Mehrlenker, Verbundlenker oder Längslenker lautete die Frage, die nach Abschluß der Fahrten zu beantworten war. Bei der Vorderachse für die A-Klasse stand von vornherein fest, daß die McPherson-Technik zum Einsatz kommt, weil sie nur wenig Platz beansprucht und beim Frontantrieb die meisten Vorteile bringt. Entscheidend war aber, mit welcher Hinterachse die vorderen McPherson-Federbeine am besten harmonieren?

Die Fahrmanöver begannen mit einem Slalomkurs, bei dem der Computer die Pylonen in einem Abstand von jeweils exakt 36 Metern aufgestellt hatte. Maßgebend war, in welcher Zeit und mit welchem Tempo sich dieser virtuelle Parcours umrunden läßt. Weil die A-Klasse zu diesem Zeitpunkt real noch gar nicht existierte, nahmen die Ingenieure hinter dem Lenkrad eines S 280 Platz, dessen Fahrverhalten auf A-Klasse programmiert war. Selbst die um rund 20 Zentimeter höhere Sitzposition, die dank Sandwich-Konzept zu den Besonderheiten des neuen Mercedes-Modells zählt, ließ sich durch eine Anpassung der Bildprojektion nachahmen. Ein weiterer Vorteil der Simulation: Die verschiedenen Hinterachsen ließen sich unmittelbar hintereinander vergleichen. Ein paar Schaltbefehle am Kontrollpult des Fahrsimulators genügten, und schon wechselte die imaginäre A-Klasse ihre Hinterachse – ohne Werkstatt-Stopp und ohne zeitraubende Umbauarbeiten.

Testprogramm:
Beim doppelten Ausweichmanöver in einer Pylonen-Gasse (links) und bei der Vorbeifahrt an einer imaginären Seitenwind-Maschine (rechts) zeigte sich, welche Achse die höchste Fahrsicherheit bietet.

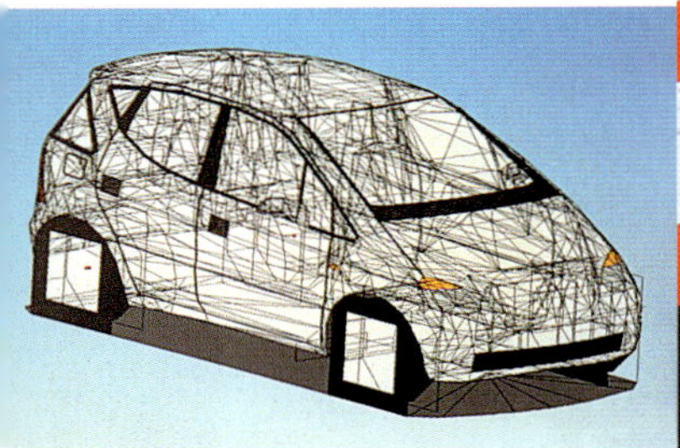

**Programmierung:
Für die Testfahrten im Simulator wurde der Computer mit den Konstruktionsdaten der A-Klasse gefüttert.**

Spätestens nach dem ISO-Wedelversuch war allen Testfahrern klar, welche Hinterachse die meisten Vorteile bietet. Bei dem doppelten Fahrstreifenwechsel, den die Profis mit Tempo 100 fahren und der die Handling-Eigenschaften eines Autos ebenso offenbart wie dessen Sicherheitsreserven im Grenzbereich, schnitt die Längslenkerachse im Vergleich überzeugend ab. Mehr noch: Auch der Fahrkomfort, den die Ingenieure bei ganz normalen Touren durch die Simulator-Landschaft ausprobierten, war optimal. Mit anderen Worten: Im Blick auf das Gesamtkonzept der A-Klasse stellt die Längslenkerachse den besten Kompromiß dar.

Mit diesem Grundsatz-Entscheid auf dem Simulator begann kurze Zeit später die eigentliche Fahrwerks-Konstruktion und -Erprobung, bei der die Längslenkertechnik mit Drehstab-Stabilisator weitere Pluspunkte sammelte. Stichwort Platzbedarf: Die Hinterachse ließ sich paßgenau auf das Sandwich-Konzept abstimmen. Die Mercedes-Ingenieure haben sie so konstruiert, daß ihre Komponenten unter den Ladeboden passen und somit keinen Platz im Innenraum beanspruchen. Gasdruck-Stoßdämpfer und Schraubenfedern liegen in einem sonst nicht nutzbaren Raum schräg vor der Radmitte. Auch in puncto Fahrdynamik bot dieses Achssystem noch Entwicklungspotential. So haben die Mercedes-Ingenieure spezielle Zuganker entwickelt, mit deren Hilfe sich die elastische Verformung der Längslenker bei Kurvenfahrten noch genauer steuern läßt als bei einer konventionellen Längslenkerachse (siehe auch Seite 188).

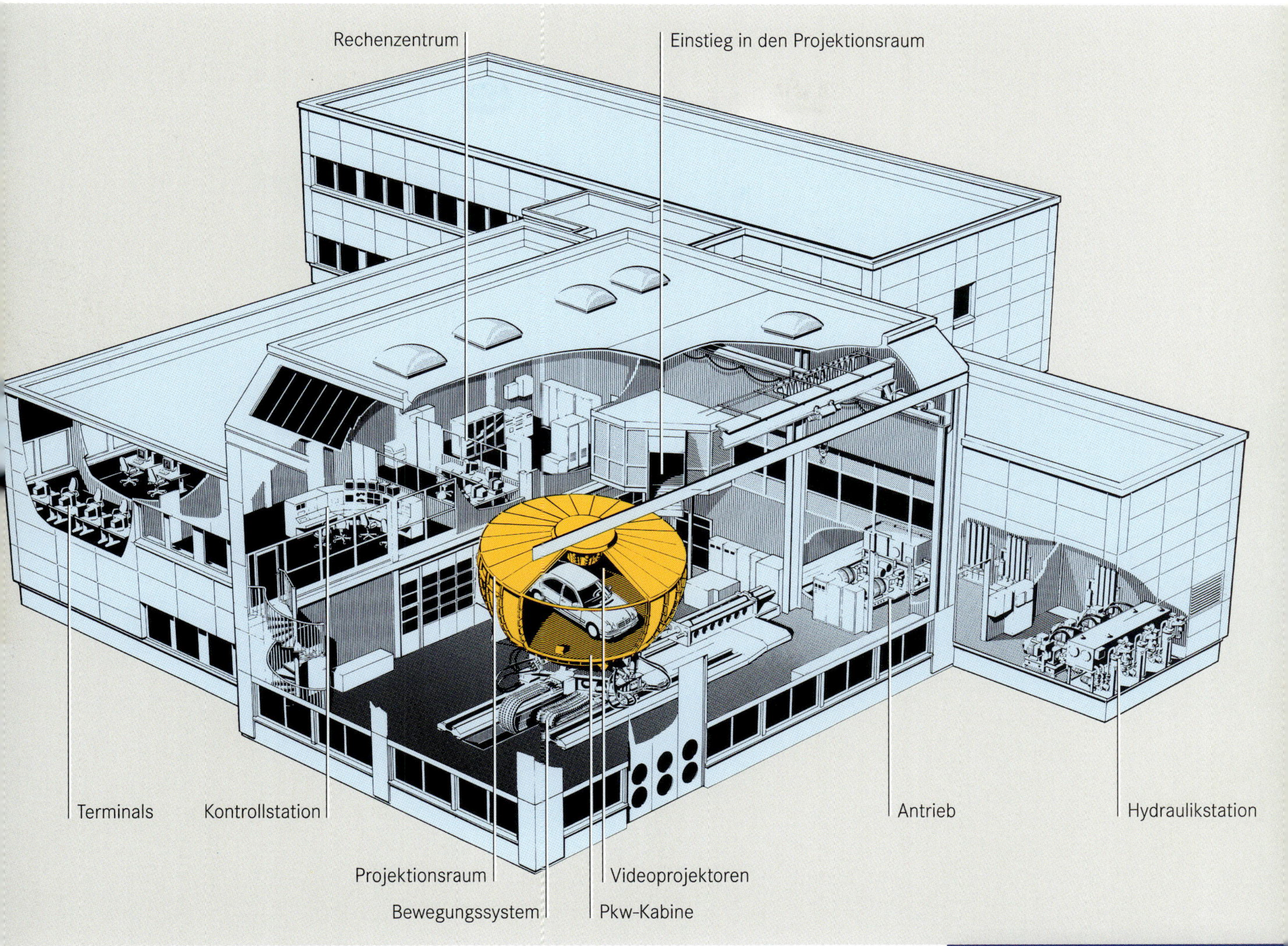

Forschungslabor:
Der Berliner Fahrsimulator dient den Mercedes-Ingenieuren zunehmend als multifunktionaler Prüfstand. Aufwendige Elektronik- und Hydrauliksysteme sorgen für ein wirklichkeitsgetreues Fahrerlebnis.

Seitenwind aus der Retorte: Abschlußtest vor dem Serienstart

Sommer 1996. Bei einem letzten Abschlußtest im Fahrsimulator bestätigen sich diese fahrdynamischen Vorteile aufs neue. Knapp ein Jahr vor der Herstellung des ersten Serienmodells der A-Klasse wollen sie noch einmal die Abstimmung des Fahrwerks unter die Lupe nehmen. Dabei testen sie das Fahrverhalten in Extremsituationen, die sich auf der Straße oder auf Versuchsgeländen nur schwer nachahmen lassen – beispielsweise bei sehr starkem Seitenwind oder in gefährlichen Kurven. Diesmal ist die Auto-Illusion noch wirklichkeitsgetreuer als drei Jahre zuvor, denn die A-Klasse ist nicht mehr nur ein imaginäres Auto aus dem Computer, sondern steht als Original in der Kabine. Jetzt stimmt nicht nur der Fahreindruck, sondern auch die ganze Umgebung mit Cockpit, Sitzen und Lenkrad exakt überein – „Virtual Reality“ in einzigartiger Perfektion.

Doppelspiel

***K**urze Motorhaube, lange Windschutzscheibe und ein gewölbtes Dach, das bis zur Heckklappe reicht – mit dieser progressiven Linienführung übernimmt das Design der A-Klasse eine doppelte Funktion: Es symbolisiert den innovativen Charakter des neuen Mercedes-Modells und weckt vom ersten Augenblick an Sympathie.*

Bei der Gestaltung der Frontpartie bewiesen die Designer Phantasie, Kreativität und Mut für neue Ideen. Das harmonische Zusammenspiel der Flächen und Linien macht die A-Klasse aus jedem Blickwinkel interessant.

Trotz ihrer kompakten Abmessungen ist die neue A-Klasse nicht zu übersehen. Ihr originelles Design zieht unwiderstehlich die Blicke auf sich. Gleichzeitig spiegelt das avantgardistische Äußere die innovative Technik des neuen kompakten Mercedes-Benz wider und fasziniert durch viele Detail-Lösungen, die sowohl funktionell wie stilistisch Trends für die Zukunft setzen. Mit anderen Worten: Die Einzigartigkeit des Designs unterstreicht die Einzigartigkeit des gesamten Fahrzeugkonzepts. Selbstbewußt demonstriert das Design der A-Klasse Mut für ganz neue Wege und bleibt dennoch vom ersten Augenblick an sympathisch. Die klaren Linien der Karosserie mit ihrem ungewöhnlichen Verhältnis von Fahrzeuglänge zu Fahrzeughöhe sind nicht nur zweckdienlich, sondern gleichzeitig innovativ und aussagestark. Bei der Gestaltung von Front und Heck bewiesen die Designer kreative Kraft, großen Ideenreichtum, jugendliche Attraktivität und Charme.

Sympathie und Funktionalität

Die Gestaltungsaufgabe „A-Klasse" schickte die Designer in neue Dimensionen, wo viele Regeln und Erfahrungswerte ihrer Zunft plötzlich nicht mehr zählen. Beispielsweise erzwang das revolutionäre Konzept Fahrzeugproportionen, die gängigen Design-Bemühungen eher widersprechen: „Kurz, aber hoch" ergab sich als Formel für die Karosserie vor allem aufgrund der sicherheitstechnischen Vorgaben und des neuartigen Raumkonzepts. Trotz dieser ungewohnten Proportionen sollte sich das Auto harmonisch in den Straßenverkehr einfügen, angenehm auffallen und sympathisch wirken. Kurzum: Die A-Klasse sollte eine progressive Form haben, die sich gleichermaßen durch Funktionalität und Phantasie auszeichnet und auch in dieser Mischung eine neue Fahrzeugklasse definiert. Dafür waren unkonventionelle Denkansätze und Imaginationen gefordert, ebenso aber auch mercedestypische Merkmale – vor allem Zeitlosigkeit. Denn es entspricht dem Stil-Empfinden der Stuttgarter Automobilmarke, durch ausgefallene, aber harmonische Lösungen zu überzeugen und nicht durch kurzfristige, modische Effekte zu glänzen.

Kraft und Harmonie

Den ersten Eindruck von der A-Klasse bestimmen zweifellos die ausgefallenen Fahrzeugproportionen. Schließlich ist der kompakte Mercedes-Benz deutlich höher und gleichzeitig weitaus kürzer als andere Automobile dieser Größenklasse. Dies erreichten seine Gestalter, indem sie konsequent das sogenannte One-Box-Prinzip umsetzten und folgerichtig auch auf eine klassische Motorhaube oder ein Stufenheck verzichteten. Dennoch wirken die Proportionen der A-Klasse sehr ausgewogen. Dafür sorgt vor allem der lange

Dynamik im Heck: Die nach hinten ansteigende C-Säule mit ihren formschönen Glasdreiecken verleiht der Seitenpartie einen markanten und individuellen Charakter.

Radstand, der mit extrem knappen Karosserieüberhängen kombiniert wurde. Sie harmonieren mit der kurzen Motorhaube und der langen Windschutzscheibe, die flach unter einem Winkel von zirka 60 Grad nach hinten ansteigt, sowie dem längs gewölbten Dach, das bis zur Hecktür reicht. Diese kraftvolle Kontur läßt die Karosserie gestreckt wirken. Vor allem macht aber die markante Geometrie der Linien und Flächen die Karosserie aus jedem Blickwinkel interessant und individuell.

Spannung und Transparenz

Die Seitenansicht bestimmt vor allem die vorn tief angesetzte und progressiv ansteigende Bordkante, die in die dynamisch nach hinten gerichtete Konfiguration der C-Säule übergeht. Sie gipfelt in der Hinterkante des integrierten Spoilers, der nicht nur das Heck optisch verlängert, sondern auch wichtige aerodynamische Aufgaben übernimmt. Große Fensterflächen erzeugen eine angenehme Durchsichtigkeit und verleihen der A-Klasse einen modernen und großzügigen Charakter. Eine besondere Rolle spielt hier die Ver-

glasung im Heckbereich. Das hintere, feststehende Glasdreieck der C-Säule läßt zusätzlich Licht in den Innenraum. Ein zweites gläsernes Dreieck in der C-Säule, das eine optische Einheit mit der Heckscheibe bildet, verleiht dieser Partie noch mehr Transparenz. Starke optische Signale gehen aber auch von der seitlichen Flächenaufteilung aus. Sie erzeugt Spannung und zeichnet der A-Klasse auch von der Seite her ein lebendiges Gesicht, was üblicherweise nur von der Heck- und der Frontansicht erwartet wird.

Um den Einstieg bequem zu gestalten, versahen die Designer die A-Klasse mit übergreifenden Türen, hinter denen der Hauptschwellerbereich verborgen liegt. Den schmalen schwarzen Kunststoffverkleidungen der seitlichen Längsträger, welche die Seitenwand nach unten abschließen, übertrugen die Stylisten die Aufgabe, durch ihre genau definierte Form die Aerodynamik zu optimieren und einen Schutz gegen Steinschlag zu bilden. Gleichzeitig verleiht die dynamische Gestaltung der Schwellerverkleidung dem Fahrzeug unverkennbar eine sportliche Note.

Sportlichkeit und Charme

Von vorn zeigt der kleine Mercedes eine moderne Darstellung des Mercedes-Gesichts mit einem neu interpretierten Kühler. Drei waagrechte Lamellen durchziehen seine Maske und betonen die Breite. Oben und unten werden die Lamellen durch je eine Chromleiste begrenzt. In der Mitte ist der Stern plastisch eingesetzt und identifiziert die A-Klasse sofort als Mercedes-Benz. Vor allem beim Modell Avantgarde strahlt die silberlackierte Kühlermaske ein besonderes sportliches Ambiente aus, das durch die muskulös ausgestellten Radausschnitte und die im Stoßfänger untergebrachten Lufteinlässe zusätzlich verstärkt wird. Beim Elegance ist die Kühlermaske in Wagenfarbe lackiert und verleiht der A-Klasse in Verbindung mit den Chromleisten einen besonders vornehmen Auftritt.

Detailarbeit im Design-Studio: Mit Skizzen und Modellen im 1:5-Maßstab begann der formale Entwicklungsprozeß der A-Klasse.

Zwei tropfenförmige Scheinwerfer fügen sich vollendet in die Frontgestaltung ein und verbinden optisch harmonisch Kotflügel, Motorhaube und Stoßfänger. Dazu trägt besonders die ausgefeilte Linienführung bei, die den Scheinwerfer partiell in jedes dieser drei Bauteile einbettet, so daß er aus jedem Blickwinkel als folgerichtige, harmonische Fortführung empfunden wird. Die Stoßfänger sind in die Karosserieform optisch vollständig einbezogen. Die sonst üblichen Abgrenzungen zwischen Stoßfänger und Karosserie gibt es bei der A-Klasse nicht – ein aufwendiges Design-Detail, das die weichen, natürlichen Rundungen des neuen Mercedes-Modells betont. Ein weiteres mercedestypisches Merkmal ist der fließende Übergang der Kotflügel in die A-Säulen, der einen besonderen Eindruck der Geschlossenheit, Wertigkeit und formalen Spannung erzeugt.

Identität und Ästhetik

Der Heckansicht verleiht die umgreifende, dreiteilige Heckscheibe ein unverwechselbares Gesicht, das die Breite und die Großzügigkeit des Fahrzeugs betont. Die generöse, in die Seitenwände fortgeführte Verglasung der Hecktür ist auch Ausgangspunkt für einen durchdachten, ästhetischen Verlauf der Karosseriefugen. Sie umfassen die Hecktür mit einer kühnen Bewegung und rahmen gleichzeitig ebenso behutsam wie harmonisch die markanten, leicht verrippten Heckleuchten ein, die einen mercedestypischen Ausschnitt zeigen. Als besonders charakteristisch empfinden Betrachter des Hecks den perfekt in die Heckklappe integrierten Spoiler, der die Dachkontur nach hinten verlängert und die stilistische Geschlossenheit des Designs unterstreicht – hohe Formvollendung mit einfachen Mitteln.

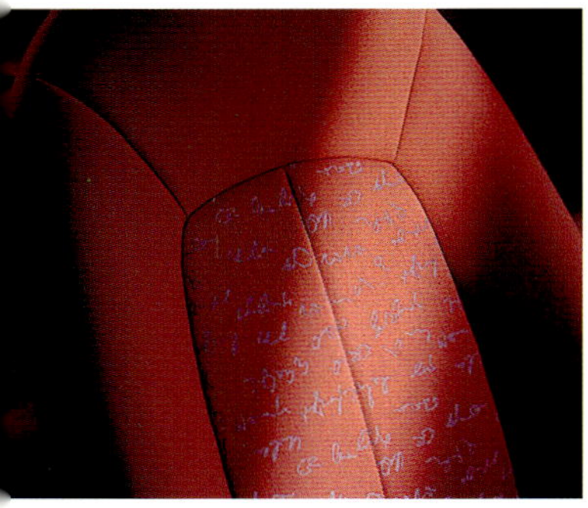

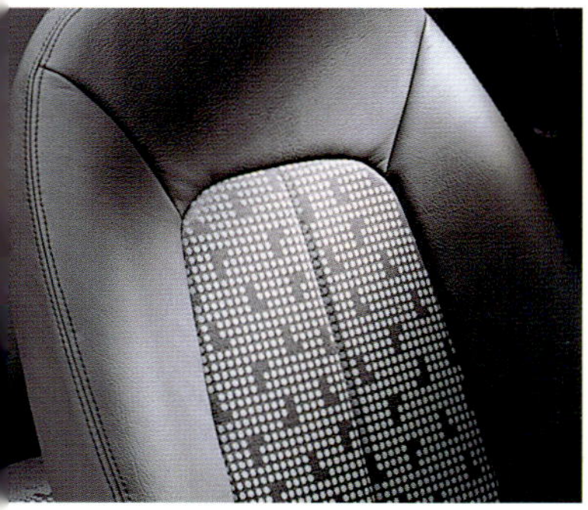

Individualität im Dessin: Drei mehrfarbige Sitzbezüge stehen für die A-Klasse zur Auswahl. Das Modell Avantgarde (unten) unterscheidet sich durch eine hochwertige Stoff/Leder-Kombination von den Lines Elegance (Mitte) und Classic (oben).

Farben und Stoffe

Das Interieur setzt das avantgardistische Styling des Karosserie-Designs konsequent fort. Der Eindruck großzügiger Raumverhältnisse entsteht jedoch nicht allein aufgrund der Maßkonzeption auf Basis des Sandwich-Konzeptes, sondern auch durch die großen Glasflächen mit der markant umgreifenden Heckscheibe und den kleinen Dreiecksfenstern in der C-Säule sowie die farbliche Gestaltung des Interieurs. Akzentfarben, die an der Blende der Instrumententafel, den Türgriffen, dem Schalthebel und an den Innenverkleidungen der Türen in Erscheinung treten, erzeugen ein jugendliches und unkonventionelles Ambiente. Zur Auswahl stehen Schiefergrau, Blauviolett, Petrol und Ziegelrot.

Farben, Stoffe und andere Ausstattungsdetails prägen auch den Charakter der Lines:

- Für die Line Classic stehen die beiden Sitzstoffe „Brügge“ und „Gent“ zur Auswahl, die mit den vier Akzentfarben kombinierbar sind. „Brügge“ ist allerdings nur einfarbig erhältlich. Die farbige Spange am Schalthebel besteht aus Kunststoff, und das Lenkrad ist kunststoffummantelt.
- Für die Line Elegance haben die Mercedes-Designer den Sitzbezug „Brüssel“ ausgewählt, der in den vier Ausstattungsfarben der A-Klasse lieferbar ist. Schalthebel und Lenkradkranz sind mit Leder bespannt.
- Für die Line Avantgarde bietet Daimler-Benz als Sitzbezug die Stoff/Leder-Kombination „Rotterdam“ in Schiefergrau an. Dieser Farbton wiederholt sich an der Blende der Instrumententafel, an den Türgriffen und Türinnenverkleidungen sowie an der ledernen Spange des Schalthebels. Das Lenkrad dieser Line ist ebenfalls mit Leder bespannt. Für die Cockpit-Blende und die Türgriffe dieser Line wurde ein effektvoller Softlack ausgewählt. Zum dynamisch-progressiven Charakter dieser Modellvariante passen auch die hellen Zifferblätter des Kombi-Instruments.

Unterschiede im Detail: Bei den Modellen Elegance (Mitte) und Avantgarde (rechts) ist der Schalthebel mit Leder bespannt.

Für Classic und Elegance gibt es auf Wunsch auch eine Lederausstattung in den Farben Schiefergrau, Blauviolett, Petrol und Ziegelrot. Beim Modell Avantgarde ist die Lederausstattung schiefergrau.

Die nicht alltägliche, einnehmende Atmosphäre des Innenraums präsentiert sich dem Betrachter bereits aus einigen Metern Entfernung. Denn die ganzflächig mit Veloursstoff bespannten Innenverkleidungen der Türen überragen sichtbar die Unterkante der Seitenscheiben und geben einen ersten Einblick in die farbliche Gestaltung des Interieurs. Die innen höhere Bordkante öffnet das Auto optisch und lockt den Blick des Betrachters schon von außen an – eine charmante Einladung zum Einsteigen.

Ideen und Skizzen

Lange bevor sich die Farb- und Stoff-Experten von Daimler-Benz Gedanken über Material und Strukturen machen konnten, begannen die Exterieur-Designer die neuen Auto-Ideen in ihren Köpfen zu wälzen. Ab Mitte 1992 machten sie sich daran, für die A-Klasse auf großen Papierbögen ein Kleid zu entwerfen, das später in Blech und Kunststoff geschneidert werden sollte. Gravierender Unterschied zur Couture: Während Modeschöpfer viele ihrer Modelle dem Publikum auf dem Laufsteg präsentieren können, steht bei einem Automobil von vornherein fest, daß nur ein einziger von vielen Entwürfen verwirklicht werden kann. Dies schmälerte allerdings nicht die Begeisterung und das Engagement der Designer für das zukunftsweisende Projekt A-Klasse. Jeder ging die Aufgabe auf seine individuelle Weise an, skizzierte Ideen, fertigte Reinzeichnungen an und tüftelte Detail-Lösungen aus. An vielen der großen Arbeitstische waren zu diesem Zeitpunkt auch schon Entwürfe für den Innenraum zu sehen – futuristisch wirkende Armaturenbretter, unkonventionelle Sitzanordnungen, extravagante Bedienelemente. Die Arbeit

Praxis-Tip

Die schönsten Farbkombinationen

Eine harmonische und zugleich pfiffige Farbzusammenstellung zu finden ist nicht immer ganz einfach. Bei der A-Klasse können die Akzentfarben des Interieurs individuell auf die Außenlackierung abgestimmt werden. Die Anregungen der Mercedes-Designer sollen helfen, die besten Farbkombinationen zu finden. Ihre Vorschläge und Empfehlungen sind in der Tabelle zusammengefaßt.

Außenlackierung	Akzentfarben/Lines			
	Schiefergrau/ Classic, Elegance Avantgarde	Blauviolett/ Classic, Elegance	Petrol/ Classic, Elegance	Ziegelrot/ Classic, Elegance
Glutrot	X	–	–	–
Floraviolett	X	–	–	–
Kaskadenblau	X	–	–	–
Oasengrün	X	–	O	–
Schneeweiß	X	X	X	X
Metallic: Vulkanrot	X	–	–	X
Metallic: Tiefseeblau	X	X	–	X
Metallic: Dschungelgrün	X	–	X	–
Metallic: Meteorgrau	X	X	X	X
Metallic: Mondsilber	X	–	X	X

X = empfohlene Kombination; O = mögliche Kombination; – = nicht möglich

Farbenspiel im Innenraum: Die Regie bei der Farbgestaltung führen die Autofahrerinnen und Autofahrer. Die Farben von Interieur und Exterieur lassen sich auf verschiedene Weise miteinander kombinieren.

in dieser Phase war von weit ausgelebter Individualität geprägt, kannte keine Sachzwänge, sondern war von Phantasie und Freiheit bestimmt. Dies ist unbedingte Voraussetzung für wirklich neue Entwürfe, die schließlich zu einem richtungweisenden Design führen können. Hunderte von Skizzen sind Zeugnisse der Ideen-Vielfalt, mit der ein neuer Autotyp beschrieben wurde.

Phantasie und Wirklichkeit

Die Wirklichkeit unserer Straßen durften die Designer allerdings trotz allem gestalterischen Mut nie ganz vergessen. Je weiter die Entwürfe gediehen, um so konsequenter mußten sie Vorgaben berücksichtigen, die von außen an sie gestellt wurden. In anderen Abteilungen stellten Ingenieure und Ergonomie-Spezialisten, Marktforscher und Vertriebsleute und viele andere Fachexperten Lasten- und Rahmenhefte zusammen, die ziemlich genau beschrieben, was von dem neuen Modell erwartet wurde. Zusätzlich legte das Maßkonzept die Proportionen der Karosserie fest und schnürte das gestalterische Korsett der Designer ein bißchen enger. Dies war eine neue Phase der Herausforderung. Jetzt ging es darum, gegenüber der Realität zu bestehen und dennoch ein ungewöhnliches, sympathisches und auch funktionelles Design zu entwickeln, das den Charakter und die Vorzüge des Autos deutlich ausdrückte. Jetzt war Teamarbeit gefordert. In diesem Entstehungsabschnitt gab es fast keinen Entwurf mehr, der nicht in dem einen oder anderen Detail von den Gedanken der Designer-Kollegen beeinflußt war.

Zurückhaltende, aber auch spektakuläre Entwürfe lagen nun vor, welche die unterschiedlichsten Themen behandelten: Breit ausladende Kotflügel waren darunter, gläserne Dächer, deutlich abgesetzte Dachpartien und vieles mehr. Ob die Entwürfe ihren Reiz auch in der dritten Dimension behielten, zeigten die Tonmodelle im Maßstab 1:5. Fünfzehn Designer wurden beauftragt, zusammen mit einem Modelleur oder einer Modelleurin ihren Entwurf in Ton zu modellieren. Eine diffizile Arbeit: In vielen Schritten hoben die Modelleure von der Rohform Tonschicht um Tonschicht ab – zuerst noch millimeterweise, später ging es sogar um Zehntelmillimeter. Schließlich mußten sie die Fensterformen herausarbeiten, die Karosseriefugen anlegen, die Scheinwerfer und Rücklichter anpassen. Immer wieder diskutierten Designer und Modelleur Details, änderten sie, wenn sich die Vorgaben der Zeichnungen nicht räumlich umsetzen ließen.

Auswahl und Entscheidung

Schließlich fiel die Entscheidung auf fünf Modelle, die im Originalmaßstab 1:1 gebaut werden sollten, um auch im letzten Detail die Wirkung unter allen optischen und konstruktiven Aspekten überprüfen zu können. Um sich des Eindrucks ganz sicher zu sein, mußte in dieser Phase dem Exterieur provisorisch auch das Interieur hinzugefügt werden, das in der Zwischenzeit auf gleichem Weg entstanden war. Die Innenraumgestaltung entscheidet nämlich stark darüber, welches räumliche Empfinden das Betrachten eines Autos auslöst.

Im Dezember 1993 fiel schließlich der endgültige Modellentscheid. Die fünf lebensgroßen Tonmodelle präsentierten sich einem Entscheidungsgremium, das aus Mitgliedern des Vorstands, der Projektleitung und den Verantwortlichen des Design-Bereichs bestand. Sie wußten: Jeder Vorschlag hatte mittlerweile nicht nur alle vorangegangenen Design-Hürden genommen, sondern war zu diesem Zeitpunkt längst produktionsreif – von den Konstrukteuren im Detail durchdacht und von der Kostenseite durchgerechnet. Denn es hat keinen Sinn, sich über Alternativen zu unterhalten, die nicht produziert und verkauft werden können. Die Wahl fiel eindeutig und einstimmig aus. Nun mußte die A-Klasse das Laufen lernen. In das detailliert ausgearbeitete 1:1-Modell wurde die mittlerweile in einer vergleichbar aufwendigen Prozedur entstandene Innenausstattung eingefügt und beides mit einem kleinen Elektromotor zum ersten tatsächlich fahrbaren Modell ergänzt. So konnte die formale Wirkung des kompakten Mercedes-Benz sogar in Bewegung studiert werden.

Die verbleibenden drei Jahre bis zur Markteinführung nutzten die Entwickler, um die Reife zu erzielen, die von einem Mercedes-Benz erwartet wird. In einer Modellklausur überprüften die Spezialisten nochmals die Ergonomie der Bedienelemente, testeten die Raum- und Platzverhältnisse sowie den Ein- und Ausstieg. Im Rahmen einer „Car clinic" wurde noch

**Perfekt im Auftritt:
Die Kühlermaske mit ihren waagrechten Lamellen, die markanten Chromleisten und die tropfenförmigen Scheinwerfer prägen den sympathischen Auftritt der A-Klasse – ein Auto zum Verlieben.**

Technik-Info Farben: Voll im Trend

Bei der Zusammenstellung des Lackfächers für die A-Klasse haben die Farbforscher von Daimler-Benz aktuelle Trends berücksichtigt. Beispielsweise hat eine Repräsentativumfrage des Instituts für Automobil-Marktforschung und Kommunikation ergeben, daß die in den sechziger Jahren sehr populären Signalfarben „out" sind. Die Farben Schwarz und Anthrazit halten dagegen als Modeströmung stark an. Sehr gefragt und von modischen Trends kaum beeinträchtigt ist Rot, das sich rund 28 Prozent der Befragten für ein neues Auto wünschen. Blau steht bei 25 Prozent der potentiellen Neuwagenkäufer an erster Stelle. Weiß, Silber, Grau und Schwarz sowie Grün folgen auf den weiteren Plätzen dieser Farben-Hitliste. Ein zum ersten Mal für die A-Klasse verwendetes, umweltverträgliches Lackierkonzept (siehe auch Seite 176 und 177) ermöglicht es, diese Kundenwünsche zu erfüllen. So stehen gleich zwei attraktive Rottöne (Glutrot und Vulkanrot) sowie zwei Blautöne (Kaskadenblau und Tiefseeblau) zur Auswahl. Insgesamt gibt es für die A-Klasse zehn Außenfarben – fünf Uni- und fünf Metalliclacke.

einmal überprüft, ob das Auto marktgerecht war und den Wünschen der Kunden entsprach. Erst als im April 1995 die Freigabe des sogenannten „Kubings" auf dem Terminplan stand, galt der Design-Prozeß als abgeschlossen. Beim „Kubing" wird noch einmal die Qualität des Datensatzes anhand einer gefrästen Komplett-Modelldarstellung im Maßstab 1:1 für das Exterieur und das Interieur überprüft, der das gesamte Fahrzeug hochpräzise in allen Details computergerecht beschreibt. Er ist die letzte Möglichkeit, die Design-Qualität und das Finish in der Entwurfsphase positiv zu beeinflussen.

Auch wenn ihre Arbeit nun getan und ein Auto entstanden war, das seiner Zeit ein gutes Stück voraus ist, nahmen die Designer noch nicht endgültig Abschied von der A-Klasse. Einer von ihnen übernahm die Aufgabe, das neue Modell durch alle weiteren Entwicklungsschritte zu begleiten und darüber zu wachen, daß auch nach konstruktiven Änderungen die deutlichen und markanten Konturen der A-Klasse erhalten blieben.

In Schräglage

Mit ihrer einzigartigen Form und ihrer kompakten Bauweise passen sich die Motoren dem Karosserie- und Sicherheitskonzept der A-Klasse an. Doch das ist nicht die einzige Besonderheit der Triebwerke: Auch in puncto Kraftstoffverbrauch, Drehmoment und Umweltverträglichkeit zählen die Motoren zur Spitzenklasse.

Wie bei keinem anderen Personenwagen sind Motor und Getriebe der A-Klasse elementare Bestandteile des gesamten Karosserie- und Sicherheitskonzepts. Nur weil es den Ingenieuren gelang, Antriebseinheiten zu konstruieren, die sich für die spezielle Einbaulage schräg vor dem Pedalboden eignen, läßt sich das wegweisende Sandwich-Prinzip mit seiner extrem kurzen Vorbaulänge und seinem hohen Sicherheits-Potential verwirklichen. Mit anderen Worten: Motoren und Getriebe der A-Klasse sind exklusive Neuentwicklungen, die nur in dieser Mercedes-Modellreihe zum Einsatz kommen. Besonderheiten sind die Triebwerke aber auch aus einem anderen Grund: Erstmals seit über 50 Jahren baut Daimler-Benz wieder Motoren mit weniger als 1,7 Liter Hubraum.

Dank ihrer kompakten Bauweise passen Motoren und Getriebe in den knappen Raum zwischen Vorderachse und Stirnwand. Sie sind quer eingebaut, um 59 Grad nach vorne geneigt und entsprechen exakt der Form des Pedalbodens, an dem Motor und Getriebe beim schweren Frontalaufprall nach hinten gleiten können. Der gesamte Antriebsblock befindet sich zusammen mit der Vorderachse auf einem sogenannten Integralträger, der als komplette Montage-Einheit an acht Punkten mit der Karosserie verschraubt wird. Darüber hinaus setzen die Motoren auch in vielen anderen Disziplinen Akzente:

- Leichtbau: Mit einem Gewicht von nur 89 bis 92 Kilogramm sind die Benzinmotoren der A-Klasse mehr als 25 Prozent leichter als andere Vierzylinder in der Hubraumklasse bis zwei Liter. Eine Vollaluminium-Bauweise macht es möglich: Kurbelgehäuse, Zylinderkopf, Ölwanne, Ölpumpe, Schlepphebel (Benziner), Motorträger, Steuergehäusedeckel und viele andere Motorenkomponenten bestehen aus diesem Leichtbau-Werkstoff. Zusätzlich hilft Kunststoff, Pfunde abzuspecken: Saugrohr, Luftfilter, Geräuschdämpfer, Zylinderkopfhaube (Benziner), Kühlwasserthermostat und andere Bauteile bestehen aus Kunststoff. Die Dieselmotoren bringen nur 124 Kilogramm auf die Waage und sind ebenfalls deutlich leichter als vergleichbare Triebwerke dieser Größenordnung.
- Drehmoment: Maxima von 130 bis 180 Newtonmetern, die bereits zwischen 1 500 und 4 000/min zur Verfügung stehen, sind in dieser Hubraumklasse bei Triebwerken ohne zusätzliche Schaltsaugrohre durchaus nicht selbstverständlich. Immerhin: Der A 160 erreicht 90 Prozent seines maximalen Drehmoments schon ab 2 200/min. Die A-Klasse setzt deshalb auch in dieser Disziplin Akzente und garantiert mit ihren durchzugskräftigen Motoren ein hohes Maß an Fahrspaß und Wirtschaftlichkeit.
- Leistung: Die Benzinmotoren der A-Klasse erreichen die Leistungswerte hubraumstärkerer Triebwerke. Beispiel A 140: Die 60 kW/82 PS Nennleistung des 1,4-Liter-Motors liegt auf einem Niveau, das in dieser Fahrzeugklasse bisher mit 1,6-Liter-Triebwerken erreicht wird.

Neuentwicklung: Zylinderlaufbuchsen aus Aluminium und Silizium, natriumgekühlte Auslaßventile und ein Saugmodul mit integriertem Mikro-Computer – das sind nur einige der technischen Raffinessen der Benzinmotoren.

- Verbrauch: Im neuen europäischen Fahrzyklus verbrauchen die Motoren der A-Klasse nur zwischen 4,5 und 6,9 Liter Kraftstoff je 100 Kilometer (NEFZ-Gesamtverbrauch). Das sind Spitzenwerte – nicht nur in dieser Leistungs- und Hubraumklasse, sondern für alle Pkw-Großserienmotoren. Das beweist auch der spezifische Kraftstoffverbrauch des 1,6-Liter-Motors im Bestpunkt: nur 240 g/kWh.
- Abgas-Emissionen: Die Kohlenwasserstoff- und Stickoxid-Emissionen der Motoren liegen um rund 40 Prozent unter den derzeit gültigen Limits der „EU-2"-Richtlinie, so daß Besitzer der A-Klasse in Deutschland in den Genuß der Steuervorteile für besonders schadstoffarme Personenwagen kommen (siehe auch Seite 174). Darüber hinaus besitzen die Triebwerke das technische Potential für die Erfüllung weiterer Abgasvorschriften. Dazu zählen beispielsweise die geplanten „EU-3/EU-4"-Limits oder die US-Bestimmungen für „Ultra Low Emission Vehicles" (ULEV).

Vier Triebwerke stehen für die A-Klasse zur Auswahl – zwei Benziner mit 1,4 und 1,6 Liter Hubraum und zwei 1,7-Liter-Turbodiesel-Motoren, die ab 1998 lieferbar sein werden. Alle Triebwerke lassen sich wahlweise mit einem Fünfgang-Schaltgetriebe, einem neuen automatischen Kupplungssystem oder mit einer Fünfgang-Automatik kombinieren – ganz nach Wunsch und individuellem Komfortbedürfnis. Zu einem späteren Zeitpunkt wird Daimler-Benz die Motorenpalette durch ein weiteres Benzin-Triebwerk mit 1,9 Liter Hubraum ergänzen.

Motorenpalette: Zwei Benziner und zwei Turbodiesel am Start

	A 140	A 160	A 160 TURBODIESEL	A 170 TURBODIESEL
Zylinderanordnung/ Ventile	R 4/2	R 4/2	R 4/4	R 4/4
Hubraum cm^3	1 397	1 598	1 689	1 689
Bohrung/Hub mm	60/69,5	80/79,5	80/84	80/84
Leistung kW/PS	60/82	75/102	44/60	66/90
Max. Drehmoment Nm/min	130 3 750	150 4 000	160 1 500–2 400	180 1 600–3 200
Verdichtung ε	11,0	11,0	19,5	19,5
Kraftstoffverbrauch NEFZ ges. l/100 km	6,8	6,9	4,5	4,9
Höchstgeschwindigkeit km/h	170	182	153	175

Zylinderlaufbuchsen aus neuartiger Leichtmetall-Kombination

Die beachtlichen Fahrleistungen und Verbrauchswerte erreichen die Ottomotoren der A-Klasse mit zwei Ventilen je Zylinder – also ohne aufwendige Ventilsteuerungen und ohne den Einsatz zusätzlicher Schaltsysteme in den Saugrohren. Entwicklungsschwerpunkte waren die Verminderung der inneren Motorreibung, die Brennraumgestaltung und die elektronische Triebwerkssteuerung. Das Ziel geringer Reibung erreichen die Mercedes-Ingenieure mit Hilfe neuartiger Zylinderlaufbuchsen aus einer Aluminium-Silizium-Legierung, die den herkömmlichen Grauguß ablöst. Diese neue Werkstoffkombination ermöglicht eine Gewichtseinsparung von rund 1,5 Kilogramm, verbessert den Wärmefluß im Kurbelgehäuse und ermöglicht eine hohe Formstabilität, die sich durch ein geringes Geräuschniveau, weniger Ölverbrauch und reduzierte Kohlenwasserstoff-Emissionen bemerkbar macht. Eine zusätzliche Maßnahme zur Verringerung der inneren Motorreibung ist der Einsatz kompakter Rollenschlepphebel aus Aluminium-Druckguß zur Steuerung der Ein- und Auslaßventile.

Dauerlauf:
Auf dem Prüfstand und in der Praxis absolvierten die Motoren der A-Klasse monatelange Belastungstests.

Der kompakte Zylinderkopf verfügt über Drallkanäle, die das Kraftstoff-Luft-Gemisch in eine schnelle Turbulenzbewegung versetzen und auf diese Weise für einen optimalen Verbrennungsablauf sorgen. Die zentrale Lage der Zündkerzen dient dem gleichen Zweck. Die Ventilsteuerung übernimmt eine hohlgebohrte Nockenwelle aus induktiv gehärtetem Schmiedestahl, deren Gehäuse mit dem Zylinderkopf verschraubt ist. Eine Steuerkette mit hydraulischem Spanner und gummibeschichteten Kettenrädern treibt die Nockenwelle an. Auf hydraulischem Wege erfolgt auch der Ventilspielausgleich. Den thermischen Wirkungsgrad der beiden Ottomotoren haben die Ingenieure durch ein hohes Verdichtungsverhältnis von 11,0 : 1 verbessert. Dies machte die Teilung des Wasserraums in zwei Bereiche erforderlich: In der unteren Zone herrscht eine hohe Strömungsgeschwindigkeit, die zur Kühlung der heißen Brennraumregionen – vor allem an den Stegen der Einlaßventile – dient und somit die hohe Verdichtung überhaupt erst ermöglicht. Im oberen Bereich erfolgt die Kühlung der Ventilführungen des Motors. Zusätzlich sind die Auslaßventile natriumgekühlt.

Kommunikation auf der bordeigenen „Datenautobahn"

Das Kunststoff-Saugmodul der Benzinmotoren ist eine kompakte Montage-Einheit mit vielen Funktionen. Sie beinhaltet unter anderem alle luftführenden Teile, den Drosselklappensteller, den Luftfilter sowie sämtliche Bauteile für die Kraftstoffeinspritzung und die Zündung. Auch die Motor-

Elektronik ist in das Saugmodul integriert. Sie steht per CAN-Datenbus (Controller Area Network) mit anderen Systemen wie den Mikro-Computern des Antiblockiersystems, der Antriebsschlupfregelung, des Automatikgetriebes, der Klimaanlage oder des Kombi-Instruments in Verbindung und tauscht auf diesem Wege schnell und zuverlässig Informationen aus. Sie dienen einer noch präziseren Motorsteuerung – zum Beispiel bei Fahrten auf rutschigem Untergrund, wenn die Antriebsschlupfregelung eine Verringerung des Motorendrehmoments verlangt.

Technik-Info Motor-Elektronik: Computer mit vielen Funktionen

Das elektronische Steuergerät der 1,4- und 1,6-Liter-Motoren übernimmt eine Vielzahl von Aufgaben, die nicht nur Kraftstoffverbrauch und Abgas-Emissionen senken, sondern auch der Verbesserung der Fahrsicherheit dienen:

- Selektive Kraftstoffeinspritzung mit automatischer Zündanalyse: Werden an einem Zylinder Zündaussetzer erkannt, schaltet das System die Kraftstoffeinspritzung dieses Brennraumes ab.
- Heißfilm-Luftmassenmessung mit Temperaturfühler für die Ansaugluft: Sie sorgt für eine optimale Funktion der Kraftstoffeinspritzung und der Zündung.
- Antiklopfregelung mit optimierter Steuerung des Zündzeitpunkts: Das System erkennt außerdem unterschiedliche Kraftstoffqualitäten und paßt den Zündzeitpunkt entsprechend an. Dadurch verarbeiten die Motoren bleifreien Superkraftstoff (ROZ 95), können notfalls aber auch mit ROZ-92-Treibstoff betankt werden.
- Automatischer Startablauf (bei Modellen mit Automatikgetriebe oder automatischer Kupplung): Um den Motor anzulassen, genügt ein kurzer Dreh des Zündschlüssels. Den Rest übernimmt die Elektronik: Sie steuert den Startvorgang so lange, bis ein stabiler Rundlauf des Triebwerks erreicht ist.
- Momentenschnittstelle zur Koordination der automatischen Motoreingriffe der Traktionssysteme ASR oder ESP, die auf Wunsch lieferbar sind.
- Automatische Abschaltung der Kraftstoffzufuhr und -einspritzung im Falle eines Unfalls: Sobald der Crash-Sensor Gurtstraffer und Airbags der A-Klasse aktiviert, wird die Kraftstoffpumpe abgeschaltet.

Doppelpack:
Das Kernstück der Abgasanlage ist ein elektronisch geregelter Katalysator, der aus zwei Keramik-Monolithen besteht.

Zwei Katalysatoren im Einsatz

Die niedrigen Abgaswerte der Benzinmotoren für die A-Klasse sind zum einen das Ergebnis der guten Kraftstoffverbrennung, die für sehr geringe Roh-Emissionen sorgt. Zum anderen trägt aber auch die aufwendige Abgasreinigungsanlage maßgeblich dazu bei, daß die Abgas-Emissionen von A 140 und A 160 so deutlich unter den derzeitigen EU-Abgaslimits liegen. Vom Stahlblechkrümmer, dessen Material sich nach dem Kaltstart schnell erwärmt, strömen die Abgase durch vier Leitungen in den Katalysator. Der besteht aus zwei Keramik-Monolithen mit einer neuen Beschichtungstechnologie und einem Gesamtvolumen von zwei Litern. Dieses Kat-System garantiert nach dem Kaltstart eine schnelle Umwandlung der Schadstoffe und verringert die Emissionen deutlich.

Neuer Meilenstein auf dem Gebiet der Dieseltechnik

Mit den beiden Dieselmotoren für die A-Klasse gehen zwei Triebwerke in Serie, die sich durch eine Reihe technischer Innovationen auszeichnen. Daimler-Benz setzt hier konsequent auf die Diesel-Direkteinspritzung, weil dieses Verfahren in der Disziplin Kraftstoffverbrauch weitere beachtliche

Neuheit:
Bei der Common-Rail-Einspritzung strömt der Kraftstoff durch eine gemeinsame Leitung von der Einspritzpumpe zu den Injektoren.

Fortschritte ermöglicht – vor allem in der Kombination mit Turbolader, Ladeluftkühlung und der von dem Stuttgarter Autohersteller entwickelten Vierventiltechnik für Dieselmotoren. So enstanden die weltweit kleinsten Diesel-Direkteinspritzer, die in vielerlei Hinsicht den Weg in die Zukunft weisen. Einer der wichtigsten technischen Meilensteine ist die neuentwickelte Hochdruck-Einspritzung, die den Kraftstoff mit einem Druck von bis zu 1350 bar in die Brennräume pumpt. Die Vorteile: geringere Kohlenmonoxid-Emissionen, noch weniger Partikel im Abgas, noch geringere Verbrennungsgeräusche und ein Kraftstoffverbrauch, der um 15 Prozent unter den Werten vergleichbarer Dieselmotoren mit Vorkammertechnik liegt.

Hinter diesen Ergebnissen steht eine neuartige Technik, die Motoren-Ingenieure mit dem Begriff „Common-Rail"-Einspritzung bezeichnen und mit der ein neues Kapitel in der traditionsreichen Geschichte der Mercedes-Dieselmotoren beginnt. „Common Rail" bedeutet übersetzt „gemeinsame Leitung". Konkret: Der Kraftstoff wird über eine gemeinsame Leitung an die Einspritzdüsen verteilt, wobei die elektronische Motorsteuerung den Einspritzdruck beliebig – je nach Drehzahl und Last des Triebwerks – regelt. Den eigentlichen Zeitpunkt der Einspritzung und die Dosierung des Kraftstoff-

Technik-Info Common-Rail-Einspritzung: Druck im System

Das neuartige Common-Rail-System der Modelle A 160 TURBODIESEL und A 170 TURBODIESEL arbeitet mit einer gemeinsamen Kraftstoff-Hochdruckleitung für alle Zylinder. Bei anderen Systemen sind diese Leitungen für jeden Zylinder getrennt, so daß die Einspritzpumpe den Einspritzdruck für jeden Zylinder separat und bei jedem Arbeitsvorgang erneut aufbaut. Die Zumessung der notwendigen Einspritzmenge und die Bestimmung des Einspritzzeitpunktes übernahm die Einspritzpumpe ebenfalls.

Demgegenüber kommt das Common-Rail-System mit einer Hochdruckpumpe aus, die nur noch einen konstanten Druck für alle Zylinder bereitstellt. Der Clou aber ist ein etwa 30 Kubikzentimeter fassendes Rohr, das wie ein Druckspeicher wirkt. Die Pumpe drückt den Kraftstoff mit einem Druck von bis zu 1350 bar in diese gemeinsame Leitung (Common Rail), von der Leitungen zu den Einspritzdüsen abzweigen. Der Druck auf der gemeinsamen Leitung kann zu jeder Drehzahl und Last frei geregelt werden. Sensoren messen die Drehzahl an der Nocken- und Kurbelwelle sowie den Druck in der Leitung und schicken die Meßdaten an den Mikro-Computer, der wiederum ein Regelventil steuert.

Das eigentliche Herzstück des gesamten Systems ist ein im Bruchteil einer Millisekunde schaltendes Magnetventil an jeder Einspritzdüse. Dieses erlaubt die exakte Bestimmung des Spritzbeginns und der Einspritzmenge auch bei sehr hohen Drücken.

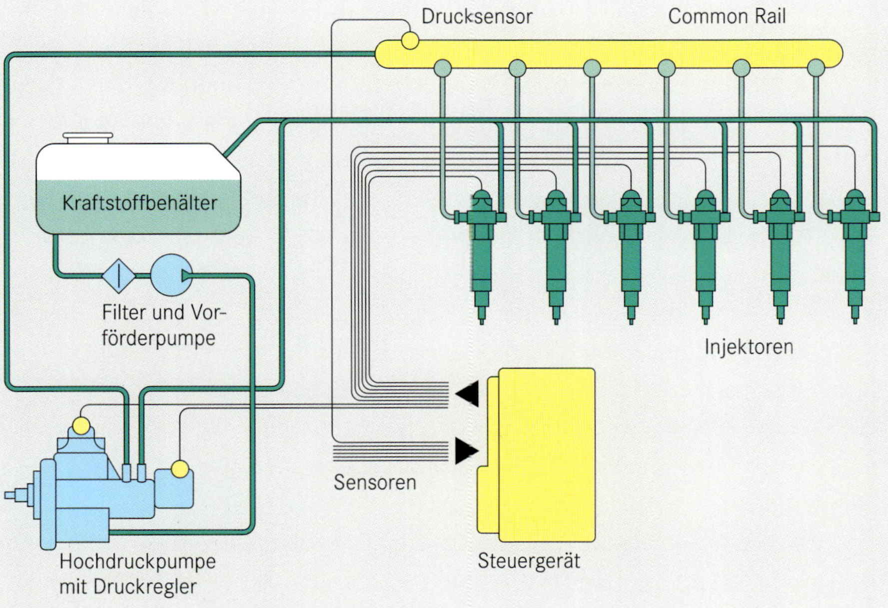

strahls übernehmen schnell schaltende Magnetventile an jeder der vier Einspritzdüsen, die der Computer ebenfalls variabel steuert. So läßt sich die Öffnungsdauer der Ventile – und damit die Menge des eingespritzten Kraftstoffes – zu jedem Zeitpunkt beliebig verändern. Schließt die Motorsteuerung die Magnetventile, ist die Kraftstoffeinspritzung sofort wieder beendet. Der hohe Einspritzdruck, der dank Common-Rail-Technik auch schon bei niedrigen Drehzahlen zur Verfügung steht, und die variable Steuerung des Einspritzvorgangs bewirken eine deutlich bessere Gemischaufbereitung in den Zylindern, was sich durch sehr geringen Kraftstoffverbrauch bemerkbar macht.

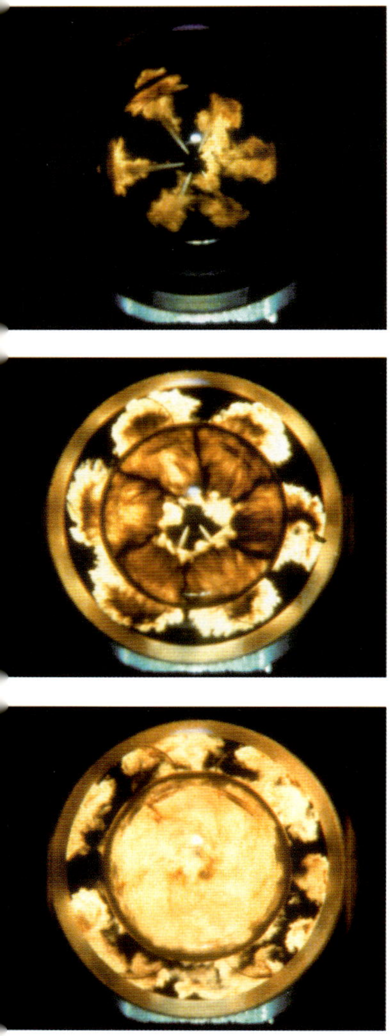

Einblick:
Mit Hilfe einer speziellen Aufnahmetechnik machen die Ingenieure den Einspritzvorgang im Inneren der Zylinder sichtbar. Die Bilder zeigen die Piloteinspritzung (oben), die nachfolgende Haupteinspritzung (Mitte) und die Verbrennung des Kraftstoffs (unten).

Umweltvorteile durch Piloteinspritzung

Die Hochdruck-Einspritzung bedingt allerdings einen Anstieg der Stickoxid-Emissionen. Um diesen Zielkonflikt zu lösen, haben sich die Mercedes-Ingenieure einen Trick ausgedacht: die sogenannte Piloteinspritzung. Sie erfolgt einige Zeit vor der eigentlichen Kraftstoffeinspritzung und verbessert die Ausgangsverhältnisse für die Verbrennung. Die kleine Spritmenge, die vorab in die Zylinder strömt, verbrennt sofort und sorgt für eine Vorwärmung des Brennraums. Damit sind ideale Voraussetzungen für die Haupteinspritzung geschaffen: Der Kraftstoff entzündet sich schneller, und die Temperatur steigt nicht mehr so rapide an, was sich günstig auf die Stickoxid-Emissionen auswirkt. Mehr noch: Dank der Piloteinspritzung vermindert sich auch das Verbrennungsgeräusch, so daß die Diesel-Direkteinspritzer der A-Klasse das gute Geräuschniveau moderner Vorkammermotoren erreichen. Damit ist die Common-Rail-Technik mit Piloteinspritzung anderen Systemen dieser Art überlegen.

Die Kurbelgehäuse der Dieselmotoren sind weitgehend mit denen der Benzin-Triebwerke identisch. Unterschiede finden sich vor allem an den Zylinder-Laufbuchsen, die bei den Selbstzündern aus Grauguß bestehen, und an der Kurbelwelle, die aus geschmiedetem Stahl hergestellt wird. Die Kolben werden mit Hilfe druckgesteuerter Ölspritzen gekühlt. Auch Ölwanne, Steuergehäusedeckel und andere Bauteile der Turbodiesel-Motoren sind mit den Benzin-Triebwerken der A-Klasse weitgehend identisch. Wesentliche Unterschiede gibt es hingegen im Zylinderkopf, der bei den Dieselmodellen mit jeweils 16 Ventilen und zwei Nockenwellen ausgestattet ist. Um die Luft in eine schnelle Drallbewegung zu versetzen und auf diese Weise die Gemischaufbereitung zu optimieren, haben die Mercedes-Ingenieure zwei spezielle Tangentialkanäle entwickelt.

Die Steuerung der Ventile übernehmen zwei obenliegende Nockenwellen sowie Schlepphebel. Die Nockenwelle an der Auslaßseite ist per Doppelrollenkette mit der Kurbelwelle verbunden und wird auf diesem Wege angetrieben, während die auslaßseitige Nockenwelle über Zahnräder von der

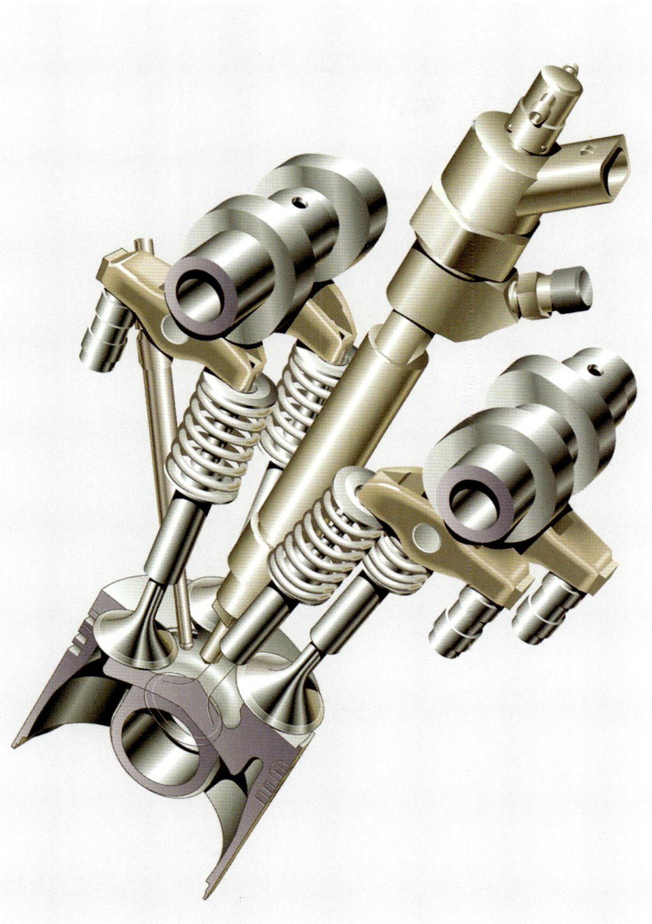

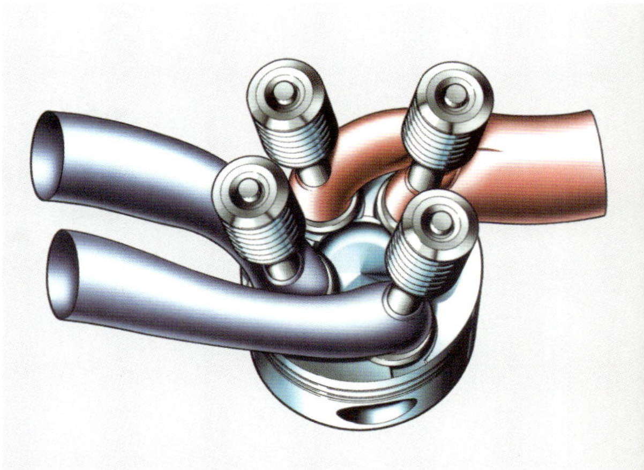

Dieseltechnik:
Die Vierventiltechnik (links) sorgt bei den Dieselmotoren für einen schnelleren Gaswechsel. Speziell geformte Einlaßkanäle (oben) helfen bei der Optimierung des Verbrennungsprozesses.

Nockenwelle an der Einlaßseite in Bewegung gebracht wird. Der Turbolader unter dem Saugmodul verdichtet die Frischluft je nach Einspritzmenge und Motordrehzahl und lenkt sie beim A 170 TURBODIESEL zum Ladeluftkühler, der die verdichtete Luft im Interesse hoher Drehmoment- und Leistungsausbeute und geringer Stickoxid-Emissionen wieder abkühlt. Nach diesem Prozeß gelangt die Luft in ein Mischgehäuse, wo sich auch das Ventil der Abgasrückführung befindet. Der A 160 TURBODIESEL kommt ohne Ladeluftkühlung aus.

Wie alle modernen Mercedes-Dieselmotoren stehen auch die beiden Direkteinspritzer der A-Klasse vollständig unter der Regie eines Computers. Er kann sich während der Fahrt über Arbeitsmangel wahrlich nicht beklagen, denn seine Mikro-Chips steuern den Startvorgang, die Hochdruckpumpe, das Regelventil des Common-Rail-Systems, die Magnetventile an den Einspritzdüsen, die Abgasrückführung und den Ladedruck des Turboladers. Überdies tauscht die Motorelektronik via Datenbus-Technik mit anderen elektronischen Steuerungen an Bord der Turbodiesel-Modelle Digital-Codes aus, die beispielsweise für die Wegfahrsperre, das Getriebe oder das Traktionssystem von Bedeutung sind.

Technik-Info Zuheizer: Leistungsplus für die Heizung

Eine technische Besonderheit verbirgt sich im Kühlmittelkreislauf der Dieselmotoren für die A-Klasse: der Diesel-Zuheizer. Er schaltet sich bei winterlichen Temperaturen von weniger als zwei Grad Celsius ein und produziert zusätzliche Warmluft für die Beheizung des Innenraums. Die Mitarbeit dieses Gerätes ist wegen des hohen thermischen Wirkungsgrades der beiden Selbstzünder notwendig: Motoren mit hohem Wirkungsgrad verbrauchen zwar wenig Kraftstoff, geben aber auch nur wenig Wärme an das Kühlmittel ab, so daß die Heizwirkung entsprechend gering ausfällt. Die „Zusatzheizung" macht dieses Manko mit einer Leistung von fünf Kilowatt wett.

Dieselmotoren mit Drosselklappe

Zu den technischen Besonderheiten zählen aber auch der Heißfilm-Luftmassenmesser und die Ansaugluft-Drosselung. Beide Systeme helfen, die Abgas-Emissionen der Motoren noch weiter zu reduzieren:

- Die Luftmassen-Messung ermöglicht eine noch präzisere Steuerung der Abgasrückführung. Der Grund: Wenn die Elektronik Daten über die angesaugte Luftmasse hat, kann sie die in den Motor umgeleitete Abgasmenge exakt nach Last und Drehzahl steuern. Dadurch läßt sich der Wirkungsgrad des Systems im Interesse noch geringerer Stickoxidwerte verbessern. Die Steuerung des Rückführventils übernimmt ein elektropneumatischer Druckwandler.
- Die Drosselklappe in den Mischgehäusen der Dieselmotoren erhöht den Ansaug-Unterdruck im Motor und bewirkt auf diese Weise ebenfalls eine Leistungssteigerung der Abgasrückführung.

Oxidations-Katalysatoren – einer in unmittelbarer Nähe des Turboladers und ein zweiter unterhalb des Fahrer-Fußraums – übernehmen die Umwandlung der restlichen Abgas-Schadstoffe und reduzieren zusätzlich auch die Partikel-Emissionen. Damit sind die beiden Turbodiesel-Motoren der A-Klasse schon heute fit für die Erfüllung zukünftiger EU-Abgasgrenzwerte.

Information:
Im Multi-Informationsdisplay erscheint zusammen mit dem Schraubenschlüssel-Symbol der Hinweis, wieviel Kilometer noch bis zum nächsten Werkstatt-Termin gefahren werden können.

Werkstatt-Stopp nur alle 40 000 Kilometer

Das Aktive Service System ASSYST, das Daimler-Benz bei allen Pkw-Modellen einsetzt, bietet vielen Autobesitzern handfeste Kostenvorteile. Die Wartungstermine richten sich nicht mehr nach starren Intervallen, sondern orientieren sich an der tatsächlichen Beanspruchung und den Einsatzbedingungen des Autos. Der Vorteil: Die Service-Intervalle verlängern sich bei den Benzinern von bisher 15 000 auf bis zu 30 000 Kilometer und bei den Turbodiesel-Motoren sogar auf maximal 40 000 Kilometer. Oder anders ausgedrückt: Dank ASSYST verringern sich die Wartungskosten um bis zu 30 Prozent. Überdies ist das Aktive Service System ein Beitrag zur Umwelt- und Ressourcen-Schonung, denn durch die bedarfsgerechte Wartung verringern sich auch Ölbedarf und Altölaufkommen. Und schließlich verbessert sich die Mobilität des Autobesitzers, weil sein Wagen noch seltener in der Werkstatt steht.

Im Mittelpunkt dieses innovativen Systems steht die Kontrolle des Motorenöls. Langjährige Praxistests zeigen, daß Ölbelastung und Motorenverschleiß beispielsweise bei häufigem Stadt- und Kurzstreckenverkehr um mehr als das Dreifache über den Werten liegen, die bei Fahrten auf Landstraßen und Autobahnen gemessen werden. Demzufolge verschlechtert sich auch die Leistungsfähigkeit des Motorenöls, das im Kurzstreckenbetrieb häufiger gewechselt werden sollte. Die Motoren der A-Klasse sind deshalb mit einem elektronischen System ausgestattet, dessen Mikro-Computer auf Basis verschiedener Sensor-Informationen wie Ölstand, Öltemperatur, Kühlmitteltemperatur, Drehzahl, Geschwindigkeit und Motorlast die tatsächliche Beanspruchung des Motorenöls ermittelt und einen bedarfsgerechten Wartungsplan für das Triebwerk berechnet. Der Autofahrer erfährt per Digital-Anzeige im Kombi-Instrument, wieviel Kilometer er noch bis zum nächsten Wartungsdienst zurücklegen oder wieviel Zeit bis dahin noch vergehen kann. Diese Information erscheint automatisch etwa einen Monat oder rund 3 000 Kilometer vor dem nächsten Werkstatt-Termin und bleibt für jeweils etwa zehn Sekunden auf dem Display sichtbar. So läßt sich der nächste Service-Stopp langfristig einplanen.

Um die verschiedenen Faktoren, die für die Standzeit des Motoröls maßgebend sind, erfassen zu können, haben die Mercedes-Ingenieure einen speziellen Ölstandsensor entwickelt. Seine Aufgabe ist es, nicht nur vor zu hohem oder zu niedrigem Ölstand zu warnen, sondern auch Ölnachfüllungen zu erkennen und dafür einen Bonus auf das Wechselintervall zu berechnen.

Weltrekord in Sachen Getriebe-Leichtbau

Ebenso wie die Motoren sind auch die Getriebe der A-Klasse Neuentwicklungen, die mit ihrer schrägen Außenfläche exakt an das einzigartige Karosserie- und Sicherheitskonzept des neuen Mercedes-Modells angepaßt wurden. Zur Auswahl stehen: ein Fünfgang-Schaltgetriebe, das sich auf Wunsch mit einer automatischen Kupplung kombinieren läßt, und eine Fünfgang-Automatik.

Die manuelle Schaltbox bringt nur 32 Kilogramm auf die Waage und ist damit das leichteste Getriebe dieser Drehmoment-Kategorie. Das Schaltschema unterscheidet sich vom gewohnten Mercedes-Prinzip, denn der Rückwärtsgang liegt nun auf einer Ebene mit der fünften Schaltstufe und kann ohne Zug oder Druck eingelegt werden. Eine patentierte Mechanik verhindert zuverlässig, daß Autofahrer beim Zurückschalten in den vierten Gang versehentlich im Rückwärtsgang landen. Der Schalthebel ist per Seilzug mit dem Getriebe gekoppelt. Alle Schaltelemente sind im Interesse eines hohen Bedienungskomforts kugelgelagert. Dem gleichen Zweck dient die Doppelkonus-Synchronisation des ersten und zweiten Gangs sowie die Vollsynchronisation des Rückwärtsgangs, die in der Klasse der Subkompakt- und Kompaktwagen keineswegs selbstverständlich ist. Der A 170 TURBODIESEL erhält ein Zweimassen-Schwungrad, das zur weiteren Verbesserung des Komforts beiträgt. Die Kupplung dieser Modellvariante stellt sich selbst ein, so daß die Pedalkraft jederzeit konstant bleibt.

Komfort-Plus durch automatische Kupplung

Für Autofahrerinnen und Autofahrer, die sich noch mehr Schalt-Komfort wünschen, hat Daimler-Benz eine preisgünstige Alternative zum Automatikgetriebe entwickelt: die automatische Kupplung. Sie wird auf Wunsch mit dem Schaltgetriebe gekoppelt und besteht aus mehreren Komponenten:

- Eine Sensorik erkennt den Schaltwunsch des Fahrers und den jeweils eingelegten Gang.
- Ein Mikro-Computer wertet die Sensorsignale aus und steht per CAN-Datenbus (Controller Area Network) mit dem Motorsteuergerät, der ABS/ASR-Elektronik, der Klimaanlage und dem Kombi-Instrument in Verbindung. Der Datenaustausch ermöglicht die optimale Funktion der automatischen Kupplung.
- Ein Elektromotor öffnet oder schließt die Kupplung mit Hilfe zweier hydraulischer Zylinder.
- Eine selbstnachstellende Kupplung kompensiert den Verschleiß an der Kupplungsscheibe und hält die Betätigungskräfte auf einem gleichbleibenden Niveau.

Nimmt der Autofahrer den Fuß vom Gaspedal und bewegt den Schalthebel, erkennt das System seinen Wunsch, den Gang zu wechseln, und öffnet im gleichen Augenblick mittels Elektromotors die Kupplung. Ist der Schalt-

Komponenten: Die automatische Kupplung funktioniert durch das präzise Zusammenspiel mehrerer Bauteile, die unter der Regie eines Computers stehen.

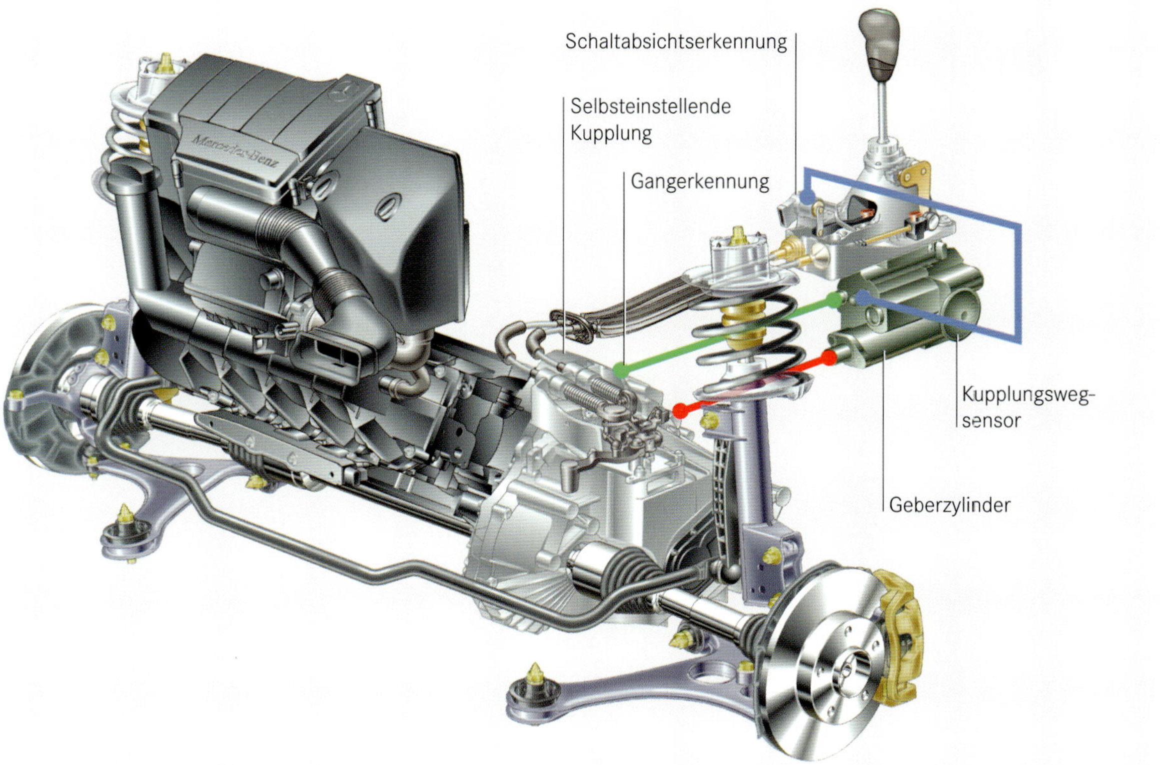

Funktion:
Ein Elektromotor und zwei hydraulische Geberzylinder unterhalb des Schalthebels sorgen dafür, daß sich die Kupplung automatisch öffnet oder schließt.

vorgang beendet, schließt sich die Kupplung sofort wieder (siehe auch Seite 167). Bei ihrer Arbeit entwickelt die Steuerung ein genaues Gespür für den jeweiligen Fahrstil: Schnelle, sportliche Gangwechsel erkennt der Mikro-Computer ebenso wie eine langsame, eher komfortorientierte Betätigung des Schalthebels und paßt den Vorgang des Einkuppelns an die Wünsche des Autofahrers an.

Fünfgang-Automatik und Frontantrieb erstmals in Kombination

Ab Anfang 1998 liefert Daimler-Benz für die Modelle der A-Klasse auf Wunsch auch ein elektronisch gesteuertes Automatikgetriebe mit fünf Gängen, das zu den technischen Meilensteinen des neuen Mercedes-Modells zählt. Denn: Es ist nur 315 Millimeter kurz und 68 Kilogramm leicht und gilt damit als die kürzeste und leichteste Fünfgang-Automatik der Welt. Mehr noch: Die A-Klasse-Automatik ist zugleich auch die erste Fünfgang-Schaltbox für Fronttriebler mit quer eingebauter Antriebseinheit. Neu ist auch die Bedienung: Der Wählhebel weist nur die Positionen „P“, „R“, „N“ und „D“ aus. Die anderen Schaltbereiche werden durch Tippen des Hebels in Querrich-

Praxis-Tip

Schalten und Gas geben genügen

Die automatische Kupplung für die A-Klasse macht das Autofahren noch komfortabler. Die Bedienung des Systems ist denkbar einfach:

- Beim Anfahren genügt es, den Gang einzulegen und loszufahren. Der Motor kann nicht „abgewürgt" werden. Das Anfahrmoment dosiert der Autofahrer ausschließlich per Gaspedal - wie bei einem Automatikgetriebe.
- Im Stop-and-go-Verkehr sorgt das System für einen spürbaren Komfortgewinn, weil ständige Kupplungsbetätigungen beim An- oder Ausrollen nicht mehr erforderlich sind. Das Auto kann bei eingelegtem Gang bis zum Stillstand abgebremst werden.
- Beim Rangieren erweist sich die automatische Kupplung so komfortabel wie ein Automatikgetriebe. Das Auto rollt im ersten oder zweiten Gang leicht an. Diese „Kriech"-Funktion ist auch im Rückwärtsgang aktiv.
- Beim Parken schließt das System automatisch die Kupplung, sobald der Autofahrer die Zündung abgeschaltet hat. Der Wagen kann also nicht wegrollen.

tung ausgewählt. Eine Anzeige im Kombi-Instrument informiert den Fahrer über die jeweilige Position des Wählhebels oder den gewählten Schaltbereich. Mit Hilfe eines Schalters lassen sich auch die beiden Schaltprogramme „S" (Standard) und „W" (Winter) manuell wählen. Im Winter-Programm dreht die A-Klasse die einzelnen Gänge nicht vollständig aus.

Wie bei den „großen" Automatikgetrieben aus dem Hause Daimler-Benz ist auch die Neuentwicklung mit einem hydrodynamischen Drehmomentwandler und einer schlupfgesteuerten Wandlerüberbrückung ausgestattet, die ein Optimum an Kraftstoffersparnis, Fahrdynamik und Komfort ermöglicht. Die Wandlerüberbrückung schaltet sich bei niedrigem Tempo zu und arbeitet mit einem computergesteuerten Dauerschlupf, der die Verbindung zwischen Motor und Getriebe soweit entkoppelt, daß keine unkomfortablen Schwingungen und Vibrationen auftreten.

Die elektrischen, elektronischen und hydraulischen Steuerungskomponenten des Getriebes sind in einer elektrohydraulischen Baueinheit ins Getriebe integriert. Vorteilhaft ist neben dem niedrigen Gewicht und dem gewonnenen Bauraum vor allem die Reduzierung des Kabelbaums. Außerdem kann das Getriebe dank dieses Konstruktionsprinzips als vormontierte und geprüfte Einheit in das Montagewerk der A-Klasse geliefert werden. Zum

**Leichtgewicht:
Die Fünfgang-Automatik der A-Klasse wiegt nur 68 Kilogramm und ist nur rund 31 Zentimeter kurz.**

Schalten der Übersetzungsstufen aktiviert das elektronische Steuergerät des Automatikgetriebes fünf elektromechanische Hydraulikventile, die wiederum zur Betätigung der Schaltelemente (Lamellenkupplungen) und der Wandlerüberbrückungskupplung dienen.

Das elektronische Steuergerät ist zusammen mit der kompletten Elektrik, den Sensoren und Aktoren in einem speziellen Tragkörper untergebracht. Dies konnte in dem zur Verfügung stehenden Bauraum nur durch eine Miniaturisierung realisiert werden. Dafür war die Entwicklung eines Metallstanzgitters notwendig, das Elektronikmodul, Stecker, Sensoren und Aktoren ohne Kabelbaum verbindet. Außerdem wurde für die Platine im Steuergerät der neue keramische Werkstoff LTCC (Low Temperature Cofired Ceramics) eingesetzt, dessen Oberfläche die aktiven Bauelemente wie Mikro-Controller und Leistungsendstufen aufnimmt.

Getriebe-Computer mit elektronischem Gedächtnis

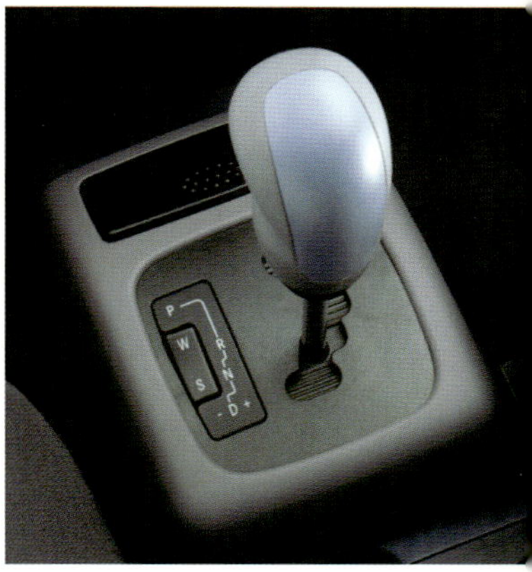

Wahlprogramm:
Die Schaltbereiche des Automatikgetriebes lassen sich in Position „D“ durch Antippen des Wählhebels in Querrichtung wählen.

Vom Getriebe-Computer werden Befehle via Datenbus an das Motorsteuergerät geschickt, die zur Reduzierung des Motormoments während der Schaltvorgänge und zur Verschiebung der Schaltpunkte in der Warmlaufphase des Triebwerks notwendig sind. Letzteres dient einer noch schnelleren Aufheizung des Katalysators, der dadurch früher mit der Umwandlung der Abgas-Schadstoffe beginnen kann. Aus den Daten errechnet das Getriebe-Steuergerät die momentane Fahrgeschwindigkeit, das Getriebe-Eingangsmoment, die Schaltpunkte und die erforderlichen Öldrücke in der Getriebehydraulik.

Außerdem erkennt das Getriebe Einflußgrößen, die für die Schaltstrategie von Bedeutung sind. Dazu gehören der momentane Fahrwiderstand, der zum Beispiel durch Steigungen, Zuladung oder Gegenwind beeinflußt wird, der aktuelle atmosphärische Luftdruck und die Reaktionen des Autofahrers. Auf Basis dieser Daten berechnet die Elektronik für jeden Betriebszustand des Fahrzeugs und für jeden Fahrerwunsch den richtigen Gang. Dank dieser adaptiven Getriebe-Elektronik lassen sich Fahrkomfort und Fahrsicherheit noch weiter verbessern: Bei Kurvenfahrt, an Steigungs- oder Gefällstrecken verschiebt die Getriebe-Elektronik die Schaltpunkte automatisch und verhindert auf diese Weise plötzliche Gangwechsel, die das Fahrverhalten ungünstig beeinflussen können.

Die sekundenschnelle Anpassung des Getriebes an die jeweilige Fahrsituation wird durch einen ständigen Vergleich verschiedener Sensor-Informationen mit gespeicherten Sollwerten ermöglicht. Überdies erfaßt die Elektronik die Bewegungen des Gaspedals und leitet daraus die jeweiligen Tempo- und Beschleunigungswünsche des Autofahrers ab. An häufigen und schnellen Gaspedalbewegungen erkennt das Automatikgetriebe beispielsweise einen dynamischen Fahrer und paßt die Schaltlinien dessen sportlicher Fahrweise an. Mit anderen Worten: Das Getriebe reagiert in jeder Situation so, wie es der Fahrer von ihm erwartet. Durch eine Langzeit-Adaption bleibt die hohe Schaltqualität über die gesamte Lebensdauer des Getriebes erhalten. Das Steuergerät erkennt alterungsbedingte Veränderungen an der Antriebseinheit und paßt die Getriebesteuerung automatisch an.

Die A-Klasse setzt auch auf dem Gebiet der Umweltverträglichkeit Akzente. Bei der Materialauswahl beweisen ihre Entwickler durch den Einsatz von Naturmaterialien und Rezyklat-Kunststoffen (Foto) die gleiche ökologische Weitsicht wie bei der Verringerung der Abgas-Emissionen oder bei der Verwirklichung eines neuartigen Lackierkonzeptes.

Grüne Welle

Ehrgeizige Ziele erfordern konsequentes Handeln. Auf dem Gebiet des Umweltschutzes verfolgt Daimler-Benz schon seit langem ehrgeizige Ziele – und handelt ebenso konsequent: Das Thema Umweltschutz hat für das Unternehmen den gleichen Stellenwert wie die markentypische Sicherheit, Zuverlässigkeit und Qualität der Automobile.

Doch der Schutz von Umwelt und Natur ist eine ganzheitliche Aufgabe: Sie darf sich beim Automobilbau nicht nur auf einzelne Aspekte wie geringe Abgas-Emissionen und günstigen Kraftstoffverbrauch beschränken, sondern erfordert ein Konzept, das von der Entwicklung bis zur Herstellung neuer Modelle reicht. „Sustainable Development" lautet der Fachbegriff für diese Strategie. Er wurde erstmals im Juni 1992 auf der Welt-Umweltkonferenz von Rio de Janeiro geprägt und beschreibt ein dauerhaftes umweltbewußtes Handeln, bei dem Verantwortung und Weitsicht gefragt sind. Daimler-Benz bekennt sich zu dieser Verantwortung – die A-Klasse ist ein weiteres Beispiel dafür. Produktorientierte Maßnahmen ergänzen sich bei dieser neuen Modellreihe mit produktionsintegrierten Umweltschutzprojekten zu einem ganzheitlichen Konzept, das zu meßbaren Erfolgen führt.

Antriebssysteme: Vorteile durch Sandwich-Konzept

Der Umweltgedanke stand bereits bei der Konzeption der A-Klasse Pate. Ökologische Weitsicht prägte neben den Vorteilen auf den Gebieten Sicherheit und Raumökonomie die Entscheidung für das innovative Sandwich-Konzept des neuen Mercedes-Modells. Denn durch den höheren Boden ist unter der Fahrgastzelle genügend Platz vorhanden, um die Energiespeicher zukünftiger abgasfreier Alternativantriebe aufprallgeschützt unterzubringen, die auf fossile Kraftstoffe verzichten können. Das gilt sowohl für die Traktionsbatterie eines Elektro-Antriebs, der im Kurzstrecken- und Stadtverkehr ökologische Pluspunkte sammelt, als auch für die Wasserstofftanks eines Brennstoffzellen-Fahrzeugs, dem Daimler-Benz ebenfalls große Zukunftschancen einräumt.

Benzinverbrauch: 13 Prozent unter dem Durchschnittswert

Doch auch mit ihren heutigen Motoren ist die A-Klasse auf dem Weg in eine noch umweltverträglichere Zukunft. Die Benzin- und Dieseltriebwerke zeigen, wie groß das Entwicklungspotential dieser Motorentechnologie ist und wie sich Wirkungsgrad, Energieverbrauch und Abgas-Emissionen mit Hilfe intelligenter Lösungen weiter verringern lassen.

Beispiel Verbrauch: Der spezifische Benzinverbrauch des 1,6-Liter-Motors im A 160 beträgt im Bestpunkt nur 240 g/kWh und markiert einen Spitzenwert in dieser Hubraumklasse. Das zeigt ein Vergleich der Aache-

Technik-Info Alternative Antriebssysteme: Platz für E-Antrieb und Brennstoffzelle

Das Sandwich-Konzept macht die Mercedes-Benz A-Klasse auch in puncto Antriebssysteme zu einem zukunftsgerechten Automobil. Denn durch den höheren Boden ist unter der Fahrgastzelle genügend Platz vorhanden, um die Energiespeicher zukünftiger Alternativantriebe aufprallgeschützt unterzubringen. Das gilt sowohl für die Traktionsbatterie eines Elektro-Antriebs als auch für die Wasserstofftanks eines Brennstoffzellen-Fahrzeugs. Die Entwicklung und Erprobung beider Systeme läuft im Forschungsinstitut Mercedes-Benz auf Hochtouren. Dank des Sandwich-Konzepts sind Batterie oder Wasserstoffbehälter unterhalb der Fahrgastzelle von einer stabilen Längs- und Querträgerstruktur umgeben, die beim Crash deutliche Sicherheitsvorteile bietet. Bei herkömmlichen Fahrzeugkonzepten beeinträchtigen die starren und nicht verformbaren Blöcke der Energiespeicher die Schutzfunktion der Deformationszonen im Front- oder Heckbereich.

ner Forschungsgesellschaft für Energietechnik und Verbrennungskraftmaschinen (FEV), die 66 Motoren untersucht hat. Auch der spezifische Verbrauch des A 160-Triebwerks von 387 g/kWh bei 2 000/min und zwei bar Mitteldruck ist das Optimum in dieser Hubraumkategorie. Er wird lediglich von sogenannten „Magermotoren" unterboten.

Bei der Messung im neuen europäischen Fahrzyklus (NEFZ) erzielt der A 160 ebenfalls Spitzenresultate: Der Gesamtverbrauch von 6,9 Litern je 100 Kilometer liegt um bis zu 13 Prozent unter den Werten vergleichbarer Wettbewerber. Und der 1,4-Liter-Motor des A 140 (6,8 Liter pro Kilometer)

Reichweite*: Von Berlin nach Paris mit einer Tankfüllung

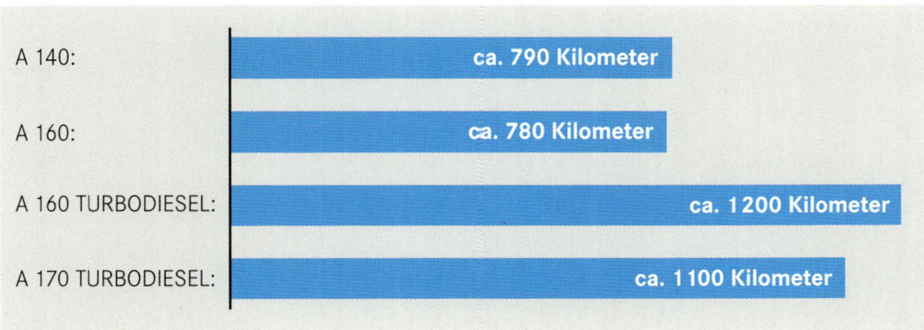

* Bei 54 Liter Tankinhalt und einem Kraftstoffverbrauch gemäß NEFZ-Gesamtverbrauch.

unterbietet die NEFZ-Ergebnisse anderer Automobile dieser Hubraumklasse um bis zu neun Prozent. Vorbilder in puncto Kraftstoffverbrauch sind zweifellos auch die beiden Turbodiesel-Modelle der A-Klasse. Mit einem NEFZ-Gesamtverbrauch von nur 4,5 Litern je 100 Kilometer zählt der 1998 lieferbare A 160 TURBODIESEL zu den wirtschaftlichsten Automobilen auf dem Weltmarkt.

Abgasreinigung: Fit für die Zukunft

Abgas-Emissionen: A 140 und A 160 deutlich unter den gültigen EU-Limits

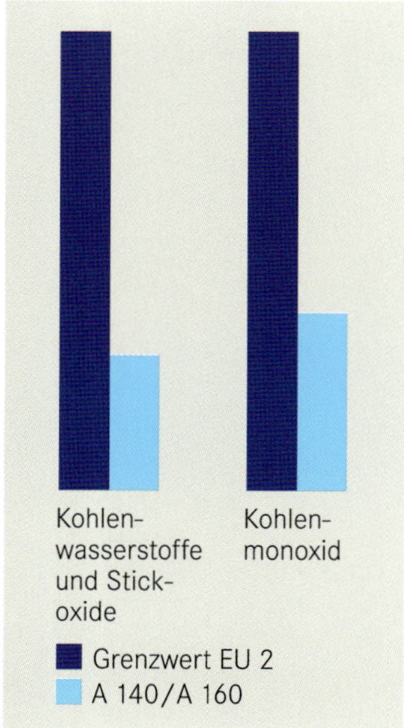

Beispiel Abgas: Die spezifischen Roh-Emissionen des 1,6-Liter-Motors, die vor dem Katalysator gemessen werden, betragen für Kohlenwasserstoffe beispielsweise nur 5,7 g/kWh und stellen laut FEV-Vergleich einen Minimalwert in dieser Hubraumklasse dar. Ähnlich sieht die Abgasbilanz der anderen A-Klasse-Triebwerke aus, die allesamt – Benziner und Turbodiesel – die gültigen Schadstoff-Limits der „EU-2"-Richtlinie deutlich – um bis zu 40 Prozent – unterschreiten. Die Messungen auf dem Abgasprüfstand zeigen überdies, daß die Motoren auch das Zeug haben, um noch strengere Abgasvorschriften wie die für die Zukunft geplanten EU-Limits der Stufen drei und vier oder die amerikanischen Bestimmungen für „Ultra Low Emission Vehicles" (ULEV) zu erfüllen. Dafür wären einige technische Modifikationen erforderlich.

Dank dieser geringen Abgas-Emissionen kommen Besitzer der A-Klasse in den Genuß der finanziellen Vorteile, die das neue deutsche Änderungsgesetz für die Kraftfahrzeugsteuer (ab 1. Juli 1997) ermöglicht. Konkret: Für die Modelle A 140 und A 160 müssen Autofahrer nur den ermäßigten Steuersatz von zehn Mark (statt zwölf Mark) pro 100 Kubikzentimeter Hubraum an das Finanzamt überweisen – Besitzer der Turbodiesel-Modelle zahlen 27 Mark pro 100 Kubikzentimeter (statt 29 Mark).

Schadstoff-Limits: In Deutschland um mehr als 30 Prozent verschärft

	Europäische Abgaslimits (EU 2)		Deutsche Abgaslimits*	
	Benziner	Diesel**	Benziner	Diesel
Kohlenmonoxid	2,2	1,0	1,5	0,6
Kohlenwasserstoffe	–	–	0,17	–
Stickoxide	–	–	0,14	0,5
Kohlenwasserstoffe und Stickoxide***	0,5	0,7	–	0,56
Partikel	–	0,08	–	0,05

* Gemäß Kraftfahrzeugsteuer-Änderungsgesetz gültig ab 1. Juli 1997
** Vorkammermotoren
*** Summenwert
Angaben in Gramm pro Kilometer gemäß EU-Fahrzyklus

Technik-Info Abgasreinigung: Katalysator im Doppelpack

Die niedrigen Abgaswerte der Benzinmotoren für die A-Klasse sind zum einen das Ergebnis der guten Kraftstoffverbrennung, die für sehr geringe Roh-Emissionen sorgt. Zum anderen trägt aber auch die aufwendige Abgasreinigungsanlage maßgeblich dazu bei, daß die Abgas-Emissionen von A 140 und A 160 so deutlich unter den derzeitigen EU-Abgaslimits liegen. Vom Stahlblechkrümmer, dessen Material sich nach dem Kaltstart schnell erwärmt, strömen die Abgase durch vier Leitungen in den Katalysator. Der besteht aus zwei Keramik-Monolithen mit einer neuen Beschichtungstechnologie und einem Gesamtvolumen von zwei Litern. Dieses Kat-System garantiert nach dem Kaltstart eine schnelle Umwandlung der Schadstoffe und verringert die Emissionen deutlich.

Werkstoffe: 19 Bauteile im Recycling-Kreislauf

Auch die Werkstoffe, die in der neuen A-Klasse zum Einsatz kommen, haben die Mercedes-Ingenieure unter ökologischen Aspekten ausgewählt. Diese aufwendige „Materialprüfung" machte vor keinem Bauteil halt und berücksichtigte den gesamten Lebenslauf eines Automobils über eine Fahrstrecke von 200 000 Kilometern. Die Bilanzierung führte zu neuen, wegweisenden Entscheidungen. Beispiele dafür sind die leichten Kunststoff-Kotflügel, die Verwendung von Sekundär-Aluminium für die Herstellung des Kurbelgehäuses, die nennenswerte Gewichtseinsparung durch das Reifendichtmittel TIREFIT oder die Herstellung des Ansaugrohrs aus Polyamid.

Stichwort Recycling: Dieser Begriff spielte bei der Materialauswahl für die neue A-Klasse eine ebenso große Rolle wie die Aspekte Sicherheit und Leichtbau. So achteten die Mercedes-Ingenieure darauf, wiederverwertbare Kunststoffe einzusetzen und deren Sortenvielfalt im Interesse einer effizienten Altauto-Verwertung stark einzugrenzen. Mit Erfolg: 86 Prozent aller thermoplastischen Werkstoffe des neuen Mercedes-Modells bestehen aus nur fünf verschiedenen Kunststoffgruppen wie Polycarbonat, Polyamid oder Polypropylen. Gute Recycling-Eigenschaften zählen zu ihren wichtigsten Qualitätsmerkmalen.

Die demontagefreundliche Karosseriekonstruktion erleichtert die spätere Altauto-Verwertung zusätzlich: Binnen einer Stunde können rund 45 Kilogramm sortenreine Kunststoffe aus der A-Klasse ausgebaut und für den Recycling-Prozeß bereitgestellt werden. Um diesen Werkstoff-Kreislauf auch bei dem neuen Modell frühzeitig auf Touren zu bringen, hat Daimler-

Benz bereits 19 Bauteile mit einem Gewicht von insgesamt rund zwölf Kilogramm für die Herstellung aus Rezyklat-Kunststoffen freigegeben. Das entspricht rund neun Prozent des gesamten Kunststoffanteils.

Ein weiterer Beitrag zur Ressourcen-Schonung und zur Verringerung der klimaschädlichen Kohlendioxid-Emissionen ist die Verwendung natürlicher, nachwachsender Rohstoffe. In der A-Klasse bestehen bereits verschiedene Bauteile aus Naturmaterialien wie Baumwolle, Kokos oder Holz – weitere Komponenten aus Naturfasern sind bereits in der Erprobung.

Korrosionsschutz: Unterboden vollständig verkleidet

Ebenso zukunftsweisend wie das gesamte Konzept der A-Klasse sind auch der neuartige Korrosionsschutz und die Oberflächenbeschichtung der Karosserie. Dabei sind zwei Leitgedanken unabdingbar für Daimler-Benz: zum einen Abfallvermeidung und schonender Umgang mit den Rohstoffen, zum anderen Langzeitqualität und Werterhaltung. Für die Lackiererei im Werk Rastatt entwickelten die Fachleute ein innovatives Korrosionsschutz- und Lackierkonzept, das sich vor allem durch seine ökologischen Vorteile auszeichnet.

Technik-Info Wasserlack: Ein Plus für die Umwelt

Spritzkabine: Ein elektrostatisches Lackierverfahren garantiert hohen Wirkungsgrad und geringe Emissionen.

Wer beim Begriff „Wasserlack" an den aus der Schule bekannten Wasser-Farbkasten denkt, ist auf dem Holzweg, auch wenn eine zumindest begriffliche Verwandtschaft mit den Wasserfarben besteht. Wasserbasislacke enthalten bis zu 80 Prozent weniger Lösemittel als konventionelle Lacke. Während beim üblichen Lack dreiviertel des Volumens aus organischen Verbindungen wie Ester, Aromaten und Alkohol bestehen, kommt beim Wasserbasislack 70 Prozent Wasser zum Einsatz. Das Wasser dient wie die organischen Verbindungen dazu, den Lack bis zur Verarbeitung flüssig zu halten. Der Umweltvorteil der Wasserbasislacke liegt klar auf der Hand: Die Lösemittel-Emissionen verringern sich deutlich. Gleichzeitig steigert ein modernes elektrostatisches Lackierverfahren den Auftragswirkungsgrad der Lacke. Der Trick: Die winzigen Lacktröpfchen werden vom Spritzaggregat (Pluspol) elektrisch positiv aufgeladen und vom Minuspol der Karosserie angezogen. Gleichzeitig werden die Tröpfchen in einem hochdrehenden Turbinenrad mit 16 000 Umdrehungen pro Minute so fein zerstäubt, daß ein sehr homogener Farbauftrag gewährleistet ist. Der hohe Wirkungsgrad der Elektrostatik ermöglicht Lackeinsparungen von bis zu 1,4 Kilogramm pro Fahrzeug. Mit anderen Worten: Der Lack kommt dorthin, wo er hingehört – auf die Karosserie.

Tauchfahrt:
Die Basislacke für die A-Klasse enthalten nur noch geringe Mengen Lösemittel. Sie werden mit Wasser verdünnt.

Lackierkonzept: Premiere für neuen Pulver-Klarlack

Alle Farb- und Schutzschichten der Lackierung bestehen aus umweltverträglichen, wasserverdünnbaren Lacken. Ein Meilenstein der automobilen Fertigungstechnik ist aber auch das neuentwickelte Klarlackverfahren, das Daimler-Benz erstmals im Werk Rastatt einsetzt. „Pulver Slurry" heißt das Zauberwort. Dahinter verbirgt sich wiederum ein Wassertrick: Trockenes Lackpulver wird in Wasser eingerührt und fein zermahlen. Die Farbpartikel schweben im Wasser, ohne sich jedoch mit ihm zu verbinden. Chemiker nennen einen solchen Aufguß Suspension. Der „Pulver-Slurry"-Klarlack wird anschließend im konventionellen Naßverfahren auf die beiden vorherigen Lackschichten aufgetragen und überzieht die Karosserie wie ein milchig-weißer Flüssigkeitsfilm. Innerhalb von nur sieben Minuten wird das Wasser in einer Warmluftzone wieder aus der Lackschicht entfernt, und nach weiteren 30 Minuten im Trockenofen bei 140 Grad Celsius ist die chemische Reaktion beendet, und der Lack glänzt hart und klar.

Der Einsatz des neuartigen Pulver-Klarlacks macht sich in der Umweltbilanz der Rastatter Lackiererei deutlich bemerkbar: Die Lösemittel-Emissionen des Werkes liegen deutlich unter dem Grenzwert der Technischen Anleitung zur Reinhaltung der Luft (TA Luft).

Spielmobil

Die A-Klasse als Modellauto: Klein, aber fein

***A**uch in 18- oder 87facher Verkleinerung ist die A-Klasse ein High-Tech-Produkt. Ihre Karosserie entstand mit Daten aus dem Daimler-Computer, und auch das Interieur läßt alle Details des Originals erkennen – vom Cockpit bis zum Sitzbezug. Start frei zur Probefahrt über den Wohnzimmertisch.*

Vom Spielzeug aus unserer Sandkastenzeit sind die heutigen Modellautos so weit entfernt wie die A-Klasse von einem Goggomobil. Moderne Technik gibt auch bei den Produzenten der Auto-Miniaturen den Takt der Entwicklung vor. Lastenhefte wollen erfüllt, Spaltmaße berechnet sein. Die Logistik für die erfolgreiche Entwicklung eines hochwertigen Modells erreicht ungeahnte Komplexität. Offset-Crashs sind zwar noch nicht vorgeschrieben, aber der Kunde – auch der Dreikäsehoch – verlangt Qualität. Das Design muß auch in den Kinderaugen stimmen. Teilweise gewinnen die Projekte en miniature sogar internationale Dimensionen, denn viele Produktions- und Entwicklungsstätten liegen heute in Fernost. Computeranimierte Oberflächen rasen dann als Datensätze zwischen Originalhersteller und Miniaturproduzent über die Datenautobahn von Europa in den anderen Teil der Erde.

Doppelte Weltpremiere auf dem Genfer Automobilsalon

Bei der A-Klasse ging die fränkische Firma Herpa die Sache mit besonderem Engagement an. In der besonders bei Eisenbahn-Fans beliebten Größe H0, dem Maßstab 1:87, rollte hier schon zum Genfer Automobilsalon 1997 die erste A-Klasse über die Messe-Tische ins Rampenlicht. Original und Modell feiern also zeitgleich ihre Weltpremiere. Nur ganz knapp überschreitet das Plastik-Pendant der A-Klasse die Vier-Zentimeter-Marke – so lassen sich auf einer Handfläche locker zehn A-Klassen aus dem Hause Herpa parken.

Der in Rot und Blau lieferbare Plastikwinzling stimmt in allen Gesamtabmessungen um Haaresbreite mit den Proportionen des Originals überein. Doch nicht nur die Außenmaße, auch die Gravuren und Details der Karosserie des Mini-Vans haben die Herpa-Formenbauer richtig gelesen und in eine ausgewogene Gesamtkomposition übersetzt. Merke: Allein die rechnerische Verkleinerung eines Automobils macht noch kein gutes Modell aus. Auch hier ist Design-Arbeit angesagt. Typische Sicken oder Linien muß der Mini-Designer betonen, andere Stilelemente maßstäblich sogar etwas zurückfahren, um die richtige Optik zu erzielen.

Konstruktionsdaten aus dem Entwicklungszentrum

Dabei erhielten die fränkischen Mini-Macher aber auch direkte Unterstützung aus dem Mercedes-Werk. Schließlich konstruiert die moderne Modellauto-Industrie mit denselben Computern, die auch dabei helfen, richtige Automobile auf die Räder zu stellen. Die Daten für die Karosserie-Oberfläche erhielten die Modellbauer per Diskette und Magnetband, um dieses Material für ihre Miniatur entsprechend zu überarbeiten.

Kleingedrucktes:
Das 1:18-Modell von Maisto gehört zu den Großen unter den Miniatur-Mobilen. Die Karosserie besteht aus Zinkgußdruck und ist im Original-Farbton lackiert.

Wer einmal – in selige Kindertage zurückversetzt – mit dem Finger über die Außenhaut der Herpa-A-Klasse fährt, der erkennt schnell, was diese moderne Technik in kundigen Händen leisten kann. Die kompliziert geformten Scheinwerfer aus transparentem Kunststoff passen sich tadellos in die Mercedes-Nase en miniature ein, und auch der Kühlergrill zeigt winzige Spaltmaße. Mercedes-Stern und Grilleinfassungen sind sogar verchromt. Die Techniker nennen es „heißgeprägt". Hintergrund: Eine selbstklebende Chromfolie wird erhitzt, mit einem Stempel abgegriffen und anschließend mit einer Genauigkeit von einem Hundertstel Millimeter auf das schwarze Kunststoffteil des Grills aufgebracht. Beim Abkühlen stellt sich der Klebe-Effekt ein. Der Chrom haftet anschließend dauerhaft auf dem Bauteil.

Doch nicht nur der äußere Eindruck, auch die inneren Werte kommen bei der Herpa-Miniatur nicht zu kurz. Die üppige Verglasung erlaubt tiefe Einblicke in das Interieur der A-Klasse, zeigt die gut profilierten Sitze, ein Zentimeterbruchteile großes Lenkrad samt Pralltopf, dem man seinen Fullsize-Airbag wirklich zutrauen mag. Das Interieur konnte Herpa sogar erst kurz vor der Ziellinie vollenden, weil die Vorlage in 1:1 ebenfalls in einer späten Projektphase nochmals modifiziert wurde. Der Unterboden lüftet zwar noch nicht die letzten Geheimnisse der Mercedes-Konstruktion, zeigt durch seine feine Prägung aber trotzdem wesentliche Details der Vorder- und Hinterachse sowie der Motorunterseite. Die vier Räder fügen sich paßgenau in die winzigen Radkästen, die Felgen präsentieren sich filigran graviert und tragen winzige, profilierte Gummipneus.

Bei der 1:87er A-Klasse aus dem Hause Herpa allein soll es aber nicht bleiben. Schließlich werkeln die Franken schon unter Hochdruck an der Ausgabe im Maßstab 1:43, die in den nächsten Monaten auf dem Markt erscheinen soll. Wesentlicher Unterschied zum 1:87-Modell: Die Karosserie der 1:43-Miniatur fertigt Herpa nicht aus Plastik, sondern aus Zinkdruckguß. Deshalb liegt diese A-Klasse etwas schwerer in der Hand und dokumentiert die Solidität des Originals noch eindrucksvoller.

Serienproduktion in Fernost

Unerreichbare Technik-Features präsentiert dagegen ein Miniatur-Projekt, das wahrhaft weltumspannende Dimensionen hat. Die Lastenhefte stellten findige Produktmanager in der Hans-Bunte-Straße 2 im fränkischen Nürnberg zusammen, die Möglichkeiten und Unmöglichkeiten ertasteten erfahren-quirlige Formenbauer in Hongkongs Camel-Paint-Building an der Hoi Yuen Road 62, und clevere Produktionslogistiker schnitten im thailändischen Tambot Bangsamak Amphur Bangpakong die Fließbänder exakt auf die Anforderungen des neuen Automodells zu.

Für diese Miniatur zeichnet die Firma Maisto/Bauer verantwortlich. Der erste Namensteil steht für den asiatischen Produzenten, der zweite für den deutschen Importeur, der die Fäden zu Daimler-Benz knüpfte. Vor der A-Klasse setzten sich die Maisto-Macher schon mit einem genial konstruierten SLK in 1:18 in Szene, dessen Variodach sich originalgetreu im Kofferraum verstauen läßt. Ähnlich aufwendig rollt die A-Klasse vom Stapel. Der tiefseeblau lackierte Kompakt-Mercedes strahlt in sattem Zweischicht-Lack, Zinkdruckguß formt die kompakte Fahrgastzelle. Kleine Spalten links und rechts der Motorhaube machen den Betrachter neugierig, vorsichtig greift der Finger unter den Kühlergrill, und tatsächlich: Die Motorhaube fährt

Beim Mercedes-Händler lieferbar: Die A-Klasse als Modellauto

Typ	Maßstab	Farbe	Hersteller	Bestellnummer	Preis (DM)
A 140	1:87	Tiefseeblau	Herpa	86 600 5636	19,–
A 140	1:87	Oasengrün	Herpa	86 600 5637	19,–
A 140	1:43	Tiefseeblau	Herpa	86 600 5737	29,–
A 140	1:43	Oasengrün	Herpa	86 600 5738	29,–
A 140	1:36	Oasengrün Floraviolett Kaskadenblau Oasengrün	Maisto/Bauer	86 600 7350	5,–
A 140	*	Floraviolett Kaskadenblau	Dickie	86 600 5912	5,50
A 140	1:18	Tiefseeblau	Maisto/Bauer	86 600 5219	36,–

* Ohne exakten Maßstab; Angaben ohne Gewähr

Kleinwagen:
Das Herpa-Modell ist 87mal kleiner als die „richtige" A-Klasse und findet wirklich überall einen Parkplatz.

nach oben, unter ihr verbirgt sich ein Modell-Vierzylinder. Vor dem linken Kotflügel ist der Wasserbehälter der Scheibenwaschanlage untergebracht, in der Mitte thront das Gehäuse des Luftfilters. Anschließend wandert der Blick entlang der dreispeichigen Felgen, registriert die weiß eingefärbten seitlichen Blinkleuchten und verharrt auf der Fahrertür. Auch hier zeigen sich verräterische Spalten. Ein kurzer Zug am angeklebten Rückspiegel samt verchromter Folie, und die Tür schwenkt an einem filigranen Scharnier nach außen. Das Cockpit zeigt sich in seiner vollen Schönheit. Das robuste Airbag-Lenkrad ragt in den Raum. Dahinter verbirgt sich die Instrumententafel, welche die Asiaten mit einer Cockpit-Folie dargestellt haben. Die Einzelsitze erscheinen in gediegenem Grau und Schwarz und sind sogar mit dem Stoffmuster des Originals verziert.

Schade: Die beiden hinteren Türen bleiben bei dieser A-Klasse verschlossen – vielleicht, weil wir vergessen haben, die Kindersicherung zu entriegeln? Aber die Heckklappe schwenkt nach oben und gibt den Blick auf einen originalgetreu kompakten und vorbildgerecht eingefärbten Kofferraum frei. Den letzten Kick vermittelt die A-Klasse aber erst, wenn wir mit ihr über den Wohnzimmertisch preschen: Dann federt der quirlige Mercedes-Benz über den Resopalbelag. Diese A-Klasse mag klein sein, doch in Sachen Spieltrieb zeigt sie erst ihre wahre Größe.

Fahrwerk

Eisrevue

***A**uf den Eisseen im Norden Schwedens schlug für Fahrwerk und Traktionssysteme der A-Klasse die Stunde der Wahrheit. Von den Ergebnissen dieser Extrem-Tests profitieren die Mercedes-Kunden: durch optimale Fahrsicherheit in allen Situationen.*

FR DS 385

Der amerikanische Automobil-Ingenieur E. S. MacPherson gibt der Vorderachse in der A-Klasse seinen Namen. MacPherson meldete 1949 ein Achssystem zum Patent an, das Radführung, Federung und Dämpfung auf besonders intelligente Weise kombiniert. Der Trick: Federbein und Stoßdämpfer bilden eine Einheit, die zusammen mit Querlenker und Querstabilisator einen Dreieckverband bildet. Der Vorteil dieses Konzepts ist sein geringer Raumbedarf – ein Aspekt, der vor allem bei kompakten Automobilen eine große Rolle spielt.

Für die Vorderachse der A-Klasse haben die Mercedes-Ingenieure das McPherson-Prinzip (so die in Fachkreisen übliche Schreibweise) modifiziert. Der Querstabilisator ist hier nicht an der Radführung beteiligt, sondern über ein Kunststoffgestänge mit dem Federbein verbunden, während ein starrer Dreiecklenker für die Radführung zuständig ist. Der Vorteil dieser Anordnung: Sie bietet den Ingenieuren mehr Möglichkeiten zur Abstimmung des Fahrwerks, was sich unter anderem durch bessere Elastokinematik und höheren Abrollkomfort auswirkt. Schraubenfedern, Zweirohr-Stoßdämpfer und Drehstab-Stabilisator sind zusammen mit dem Zahnstangen-Lenkgetriebe, dem Motor und dem Getriebe auf einem Integralträger montiert, der an acht Punkten mit der Karosserie verschraubt wird.

Auch die reibungsarm gestalteten Federbeine und Führungseinheiten der Stoßdämpfer, die Teflonbeschichtung des vorderen Drehstablagers sowie die verschiedenen Maßnahmen zur Geräuschdämpfung wirken sich positiv auf den Fahrkomfort aus. Alle Bauteile von Radführung, Federung und Dämpfung sind gewichtsoptimiert. Dadurch erreichen die Mercedes-Fachleute ein besonders gutes Verhältnis zwischen Tragkraft und Eigengewicht, das erst durch die Summe vieler Detail-Lösungen wirkt.

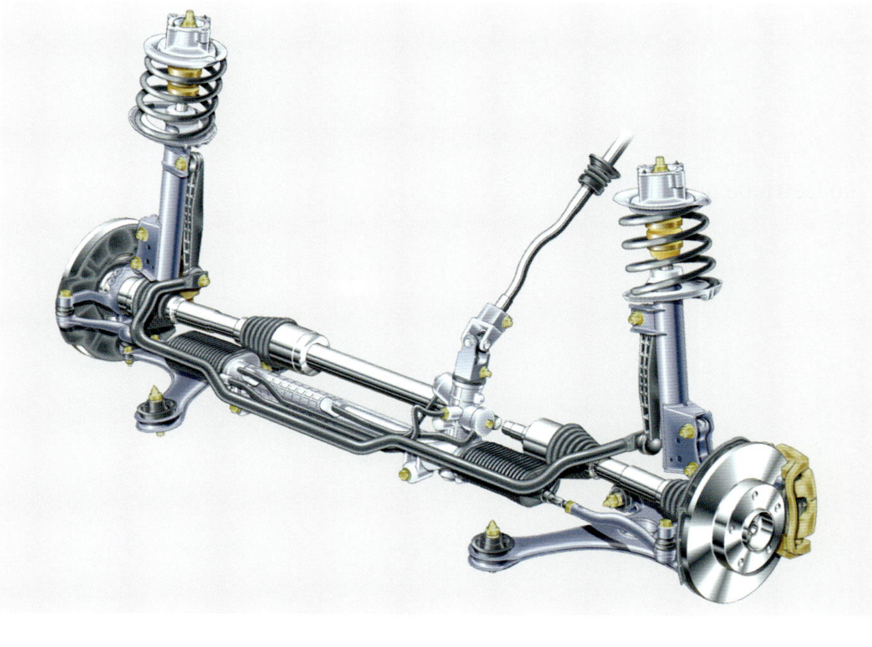

Vorderachse:
Die McPherson-Vorderachse der A-Klasse unterscheidet sich durch die Anbindung des Querstabilisators an die Federbeine von herkömmlichen Konstruktionen dieser Art.

Kombination:
Die McPherson-Vorderachse und das Längslenker-Prinzip an der Hinterachse zeichnen sich durch geringen Platzbedarf aus. Das Zusammenspiel beider Achssysteme sorgt für ein sicheres und komfortables Fahrverhalten.

Servolenkung mit Elektromotor

Ein weiterer konzeptioneller Pluspunkt, der sich im Fahrverhalten bemerkbar macht, ist die Position des Lenkgetriebes vor der Radmitte, die nur aufgrund des Sandwich-Konzeptes und der speziellen Anordnung von Motor und Getriebe möglich ist. Dadurch verbessert sich das Ansprechverhalten der Lenkung, so daß die A-Klasse in jeder Situation nicht nur sicher beherrschbar ist, sondern durch ihr leichtes, unproblematisches Handling ein hohes Maß an Fahrspaß bietet. Daß die moderne Fahrwerkstechnik auch zur Kraftstoffeinsparung beitragen kann, zeigt das Beispiel der kompakten Servopumpe für die Lenkung der A-Klasse. Sie wird erstmals bei Mercedes-Benz nicht mechanisch angetrieben, sondern arbeitet mit Hilfe eines Elektromotors und einer elektronischen Steuerung. So läßt sich die Pumpleistung exakt nach Bedarf und jeweiliger Verkehrssituation regeln. Bei Geradeausfahrt läuft der Elektromotor beispielsweise mit reduzierter Drehzahl und verbraucht demzufolge auch weniger Energie.

Platzsparende Längslenker an der Hinterachse

Für die Hinterachse der A-Klasse standen mehrere Varianten zur Auswahl, die im Fahrsimulator eingehend unter die Lupe genommen wurden. Die Mercedes-Ingenieure entschieden sich schließlich für eine Längslenkerachse mit Schraubenfedern, Drehstab-Stabilisator und Einrohr-Gasdruck-Stoßdämpfern – ein System, das nach Meinung der Fachleute bei diesem Fahrzeugkonzept viele Vorteile bietet. Denn: Die Längslenker-Hinterachse läßt sich so konstruieren, daß ihre Komponenten unterhalb des Ladebodens ihren Platz finden und somit das Raumangebot für Passagiere und Gepäck nicht beeinträchtigen. Die Stoßdämpfer und Federn liegen in einem sonst nicht nutzbaren Raum schräg vor der Radmitte. Hier unterstützen die Achsteile beim Crash die geradlinigen Längsträger der Karosserie und dienen somit auch der Insassensicherheit.

Die fahrdynamischen Qualitäten der Hinterachse sind im wesentlichen speziellen Zugankern zu verdanken, welche die elastische Verformung der Längslenker steuern und mit ihnen zusammen ein Gelenk-Viereck bilden. So werden Winkeländerungen von Längslenker und Rad um die Hochachse mit bis zu 75prozentiger Wirkung kompensiert. Die Achskomponenten, Längslenker, Schraubenfedern, Drehstab und Stoßdämpfer sind auf einem Fahrschemel zu einer kompakten Einheit montiert, die über vier geräuschisolierende Gummilager, teilweise mit hydraulischer Dämpfung, an der Karosserie befestigt ist. Die Montage der Hinterachseinheit erfolgt mit Hilfe vier vertikal angeordneter Befestigungsschrauben. Keine der Achskomponenten ragt über das Niveau des Fondbodens nach oben hinaus.

Hinterachse:
Zur Längslenker-Konstruktion gehören Schraubenfedern, Drehstab-Stabilisator und Gasdruck-Stoßdämpfer.

Auf einen Blick: Die Felgen- und Reifenkombinationen für die A-Klasse

Modell	Classic Felge	 Reifen	Elegance Felge	 Reifen	Avantgarde Felge	 Reifen
A 140	5,5 J x 15 Stahl auf Wunsch: 5,5 J x 15 5,5 J x 16	175/65 175/65 195/50*	5,5 J x 15 Leichtmetall auf Wunsch: 5,5 J x 16 Leichtmetall	175/65 195/50*	5,5 J x 16 Leichtmetall	195/50
A 160	5,5 J x 15 Stahl auf Wunsch: 5,5 J x 15 5,5 J x 16	175/65 175/65 195/50*	5,5 J x 15 Leichtmetall auf Wunsch: 5,5 J x 16 Leichtmetall	175/65 195/50*	5,5 J x 16 Leichtmetall	195/50
A 160 TURBODIESEL	5 J x 15 Blech auf Wunsch: 5,5 J x 15 Leichtmetall 5,5 J x 16 Leichtmetall	155/70 175/65 195/50*	5,5 J x 15 Leichtmetall auf Wunsch: 5,5 J x 16 Leichtmetall	175/65 195/50*	5,5 J x 16 Leichtmetall	195/50
A 170 TURBODIESEL	5,5 J x 15 Stahl auf Wunsch: 5,5 J x 15 Leichtmetall 5,5 J x 16 Leichtmetall	175/65 175/65 195/50*	5,5 J x 15 Leichtmetall auf Wunsch: 5,5 J x 16 Leichtmetall	175/65 195/50*	5,5 J x 16 Leichtmetall	195/50

* Auch in Verbindung mit Sportfahrwerk

Felgenprogramm: Die Lines der A-Klasse unterscheiden sich auch durch das Felgen-Design voneinander. Das Modell Classic (oben) rollt auf Stahlfelgen, die durch eine Kunststoff-Abdeckung verziert werden. Bei Elegance (Mitte) und Avantgarde (unten) gehören Leichtmetallfelgen zur Serienausstattung.

Scheiben vorn, Trommeln hinten

Die Technik und Auslegung der Bremsanlage entspricht den Besonderheiten des Antriebs- und Fahrzeugkonzepts der A-Klasse. Die Mercedes-Ingenieure entschieden sich für Faustsattel-Scheibenbremsen an der Vorderachse und Trommelbremsen an der Hinterachse, weil diese Kombination bei einem Frontriebler ein Optimum an Bremssicherheit, Standfestigkeit und Lebensdauer garantiert. Bremskraftverstärker und Antiblockiersystem (ABS) steigern den Wirkungsgrad der Bremsanlage und bieten zusätzliche Sicherheit. Die vorderen Scheibenbremsen des A 160 und des A 170 TURBODIESEL sind innenbelüftet. Die Trommelbremsen an den Hinterrädern zeichnen sich durch eine moderne Leichtbauweise aus: Die Tragkörper für die Radbremszylinder und Bremsbacken, die Ankerplatte und die Bremszylinder bestehen aus Aluminium. Um den hohen Sicherheitsanforderungen zu entsprechen, wird für die Herstellung der Naben Stahl und für die Bremstrommeln Grauguß verwendet. Eine automatische Nachstelleinrichtung kompensiert den Belag- und Trommelverschleiß. Die Bedienung der Handbremse erfolgt in der A-Klasse manuell mit Hilfe eines Hebels zwischen den Vordersitzen. Die Seilzüge sind wartungsfrei – ihre Längeneinstellung erfolgt automatisch.

Verbund:
Die vier Sensoren des Antiblokkiersystems tauschen ihre Daten mit einem Mikro-Computer unter der Motorhaube aus, der den Befehl für die automatische „Stotterbremse" gibt.

Bremsanlage: A 160 und A 170 TURBODIESEL vorn mit belüfteten Scheibenbremsen

			A 140 A 160 TURBODIESEL	A 160 A 170 TURBODIESEL
Bremse vorn	Kolbendurchmesser	mm	54	54
	Scheibendurchmessser	mm	260	260
	Scheibendicke	mm	12	22
Bremse hinten	Trommeldurchmesser	mm	180	180
	Backenbreite	mm	40	40

TIREFIT statt Ersatzrad

Für die A-Klasse hat Daimler-Benz ein großes Sortiment an Felgen-Reifen-Kombinationen zusammengestellt. Die Rädergröße hängt von der jeweiligen Line und Motorvariante ab. Während das Basismodell A 160 TURBODIESEL Classic auf Reifen der Dimension 155/70 R 15 und Fünf-Zoll-Alublechfelgen rollt, gehören beim Avantgarde Breitreifen 195/50 R 16 und Leichtmetallfelgen zur Serienausstattung (siehe Tabelle auf Seite 189).

Pannenhelfer:
Das serienmäßige TIREFIT-System ist leicht zu bedienen und beansprucht nur wenig Platz im Kofferraum (oben). Nach dem Einfüllen des Dichtmittels wird der Reifen aufgepumpt (links).

Auch über das fünfte Rad am Wagen kann der Kunde entscheiden: Daimler-Benz liefert ihm ganz nach Wunsch ein vollwertiges Ersatzrad oder das innovative Reifendichtmittel TIREFIT, das sich auch bereits im Roadster SLK bewährt und vielerlei Vorteile bietet. Die wichtigsten sind zweifellos das weitaus geringere Gewicht als ein Reserverad und das noch größere Ladevolumen im Fond der A-Klasse. Konkret: Das TIREFIT-Set bringt insgesamt nur rund 2,2 Kilogramm auf die Waage und wiegt somit rund 89 Prozent weniger als ein herkömmliches Ersatzrad. Überdies steht bei Ausrüstung der A-Klasse mit dem Reifendichtmittel die Reserveradmulde als zusätzlicher Stauraum zur Verfügung und vergrößert das Ladevolumen des Gepäckabteils um immerhin 40 Liter. In Deutschland gehört TIREFIT zur Serienausstattung der A-Klasse – ein Ersatzrad liefert Daimler-Benz auf Kundenwunsch ohne Aufpreis anstelle des TIREFIT-Systems.

Praxis-Tip

Reifen-Check alle zwei Wochen

Vom richtigen Reifenluftdruck hängen Fahrsicherheit, Kraftstoffverbrauch, Komfort und Reifenlebensdauer ab. Deshalb ist es wichtig, den Luftdruck aller Reifen (auch beim Ersatzreifen) regelmäßig - etwa alle zwei Wochen - zu überprüfen. Doch Vorsicht: Der Luftdruck in den Pneus hängt von der Außentemperatur und der jeweiligen Reifentemperatur ab. Deshalb sollte man die Kontrolle am besten nur bei kalten Reifen vornehmen.

Zur regelmäßigen Reifenkontrolle gehört es außerdem, auf die Profiltiefe und auf Beschädigungen der Pneus und der Räder zu achten. Bei einer Profiltiefe von weniger als vier Millimetern wird's bei Nässe kritisch. Dann beginnt die Haftung der Reifen stark nachzulassen. Steine oder andere Gegenstände, die sich im Profil festgesetzt haben, müssen entfernt werden. Beschädigungen an den Felgen können gefährlich werden, weil dadurch oft auch die Reifen in Mitleidenschaft gezogen werden und sich schlimmstenfalls sogar Risse im Reifengewebe bilden können. Deshalb auf Nummer Sicher gehen und beschädigte oder verbeulte Felgen in der Mercedes-Werkstatt austauschen lassen.

Luftdrucktabelle

Modell	Luftdruck bei Teillast		Luftdruck bei Vollast	
	vorne	hinten	vorne	hinten
A 140	2,0	2,0	2,2	2,4
A 160	2,0	2,0	2,2	2,4
A 160 TURBODIESEL	2,0	2,0	2,2	2,4
A 170 TURBODIESEL	2,0	2,0	2,2	2,4

Die Teillastwerte gelten für eine geringe Beladung des Fahrzeugs. Bei größerer Zuladung, höherer Fahrgeschwindigkeit und sommerlichen Temperaturen werden die Vollastwerte empfohlen.

Der praktische Pannenhelfer basiert auf einer von den Dunlop SP Reifenwerken entwickelten Latex-Lösung, die sich besonders sauber handhaben läßt - ohne Werkzeug und Wagenheber. Der Autofahrer füllt das Dichtmittel über das Reifenventil ein, pumpt den Pneu mit Hilfe einer elektrischen Luftpumpe auf und kann anschließend mit einer Geschwindigkeit von höchstens 80 km/h weiterfahren. In der nächsten Mercedes-Werkstatt muß der abgedichtete Reifen gegen einen fabrikneuen Pneu ausgetauscht werden. Die elektrische Luftpumpe wird über den Zigarettenanzünder ans Zwölf-Volt-Bordnetz angeschlossen und benötigt nur wenige Minuten, um den erforderlichen Reifenluftdruck von 2,5 bar zu erreichen. Ein Manometer in der Schlauchverbindung zwischen Reifen und Luftpumpe erleichtert die richtige Einstellung dieses Werts. Mit herkömmlichen „Pannen-Sprays" ist TIREFIT nicht vergleichbar. Es erfüllt weitaus strengere Anforderungen als die bis-

Technik-Info Reifenpanne: Seltenes Ereignis

In Mitteleuropa hat ein Autofahrer nur durchschnittlich alle 150 000 Kilometer das Pech einer Reifenpanne. Er fährt also gut zehn bis zwölf Jahre, ohne das Ersatzrad jemals gebraucht zu haben. Diese statistische Erkenntnis spricht für den Ersatz des Ersatzrades, das immerhin je nach Größe bis zu 20 Kilogramm auf die Waage bringt und damit eine ernstzunehmende Größe in der Gewichtsbilanz moderner Personenwagen darstellt und auch den Kraftstoffverbrauch erhöht. Für den Ersatz des Ersatzreifens sprechen aber auch Sicherheitsaspekte. Weil das fünfte Rad am Wagen fast nie gebraucht wird, fristet es im Kofferraum ein Mauerblümchen-Dasein, das buchstäblich an die Substanz geht. Denn: Reifen altern auch unbenutzt. Die Kautschukbestandteile büßen ihre Elastizität ein, das Stahlgewebe im Inneren der Pneus korrodiert, und die Gummimischung der Lauffläche verhärtet sich. Hinzu kommen äußere Einflüsse wie Temperaturschwankungen, Feuchtigkeit oder Gase, die ebenfalls zu Lasten der Reifenhaltbarkeit gehen können. Ein Reifen, der jahrelang unbenutzt im Kofferraum liegt, ist also keineswegs mehr neuwertig.

herigen Produkte aus dem Kfz-Zubehörhandel. So ist die Latex-Lösung sowohl bei extremer Hitze als auch bei großer Kälte bis minus 20 Grad Celsius voll einsatztauglich.

Überdies ist das Mercedes-Reifendichtmittel sicher und umweltverträglich. Die Flasche ist weder mit ozonschädigendem Treibgas noch mit feuergefährlichem Propan-/Butan-Gas gefüllt. Statt dessen genügt ein leichter Druck auf die Kunststoff-Flasche, um die Latex-Lösung in den Reifen zu füllen.

Ein weiterer Vorteil des TIREFIT-Systems ist dessen vielseitige Einsatztauglichkeit. Das Entwicklungsziel der Ingenieure war eindeutig: Bei den besonders häufigen Beschädigungen der Lauffläche, die heutzutage in der Praxis über 80 Prozent aller Reifenpannen ausmachen, funktioniert das Reifendichtmittel mit über 90prozentiger Zuverlässigkeit. Auch für die anderen Ursachen von Reifenpannen haben die Fachleute ähnlich hohe Funktionsquoten erreicht. Allerdings: Es gibt durchaus Situationen, in denen das Dichtmittel keine Wirkung zeigt. Geplatzte Pneus, zentimetergroße Risse durch Messerstiche oder andere extreme Reifenbeschädigungen lassen sich auf diese Weise nicht abdichten. In solchen Fällen hilft der Anruf bei einer der Notdienst-Leitstellen von Daimler-Benz, wo man rund um die Uhr schnelle Hilfe organisieren wird – überall in Europa (siehe auch Seite 211).

Praxis-Tip

Räderpflege nur mit Schwamm

Die serienmäßigen Leichtmetallräder der Lines Elegance und Avantgarde verschönern die Optik der A-Klasse und sorgen für ein sportlich-elegantes Erscheinungsbild. Um diesen Effekt für lange Zeit zu erhalten, müssen die Räder regelmäßig von Bremsenstaub und Straßenschmutz befreit werden. Als Pflegemittel empfehlen Fachleute das Autoshampoo aus dem Mercedes-Sortiment oder den Spezialreiniger für Leichtmetallfelgen, den es ebenfalls beim Mercedes-Händler gibt. Die Handhabung ist einfach: Räder mit dem Reinigungsmittel einsprühen und einige Zeit warten. Anschließend groben Schmutz mit einem weichen Schwamm abwischen und dann die Räder mit reichlich Wasser abspritzen. Trockenreiben oder Nachpolieren ist nicht notwendig - der Glanzeffekt stellt sich wieder von alleine ein. Wichtig: Nur ein weiches Reinigungstuch oder einen weichen Schwamm verwenden - nicht kratzen oder scheuern. Säurehaltige Reinigungsmittel vermeiden, denn sie können Korrosion an den Radschrauben verursachen.

Glanzleistung: Spezielle Pflegemittel lösen den Schmutz auf den Leichtmetallfelgen.

Traktionskontrolle per Computer

Zwei innovative Fahrsicherheitssysteme der E- und S-Klasse sind in Zukunft auf Wunsch auch für die A-Klasse lieferbar: Antriebsschlupfregelung (ASR) und Electronic Stability Program (ESP):

- ASR sorgt für eine bessere Traktion auf rutschigem Untergrund. Drehen die Antriebsräder beim Anfahren und im niedrigen Geschwindigkeitsbereich durch, bremst das System sie automatisch so lange ab, bis eine ausreichende Traktion hergestellt ist. Während der Fahrt stabilisiert die Antriebsschlupfregelung das Fahrzeug durch automatischen Bremseneingriff und/oder durch Reduzierung des Motorendrehmoments.
- ESP hält die A-Klasse durch gezielten Bremseneingriff an Vorder- und Hinterachse sicher in der Spur und verringert die Schleudergefahr bei Kurvenfahrt. Während der Fahrt vergleicht der ESP-Computer das tat-

sächliche Verhalten des Wagens mit errechneten Sollwerten. Weicht das Auto von der sicheren „Ideallinie“ ab, greift das System blitzschnell nach einer speziell entwickelten Logik ein und bringt das Auto auf zweierlei Weise wieder auf den richtigen Kurs: durch genau dosierten Bremseneingriff an einem Rad oder mehreren Rädern und/oder durch Beeinflussung des Motordrehmoments. Dabei korrigiert ESP sowohl Fahrfehler als auch Schleuderbewegungen, die durch Glätte, Nässe, Rollsplitt oder andere widrige Fahrbahnzustände verursacht werden, bei denen der Autofahrer normalerweise kaum noch eine Chance hat, seinen Wagen durch Lenk- oder Bremsmanöver in der Spur zu halten. Zum Electronic Stability Program gehört auch der elektronische Brems-Assistent. ESP ist für alle Modellvarianten der A-Klasse ab Ende 1998 lieferbar.

Technik-Info Antriebsschlupfregelung: Nur nicht durchdrehen

Bergfahrt:
Auf rutschigem Untergrund ermöglicht ASR ein sicheres Anfahren und Beschleunigen.

Über vier Sensoren (einer pro Rad) erfaßt die Antriebsschlupfregelung die Drehzahlen aller Räder und verarbeitet diese Daten im gemeinsamen Steuergerät für ABS und ASR. Zusätzlich zum schlupfgeregelten Bremsen durch ABS wird mit ASR durch zwei Regelkreise ein Durchdrehen der Antriebsräder beim Anfahren, Beschleunigen und während des Fahrbetriebs – zum Beispiel bei einseitiger Fahrbahnglätte, in Kurven und bei plötzlichen Ausweichmanövern – verhindert. Gibt der Fahrer zuviel Gas und dreht eines der angetriebenen Räder durch, wird es per ASR so lange abgebremst, bis es den günstigen Antriebsschlupf wieder erreicht hat. Beim Anfahren kann dadurch das auf griffigem Untergrund stehende Rad einen höheren Teil des Antriebsmoments übertragen. Während der Fahrt wird durch das Abbremsen des zum Durchdrehen neigenden Rades der Antriebsschlupf reduziert, um dadurch mehr Richtungsstabilität zu gewinnen. Noch besser: Beginnen beide Räder auf glattem Untergrund durchzudrehen, erkennt ASR ein für die momentanen Verhältnisse zu hohes Antriebsmoment. Über das elektronische Gaspedal wird nun innerhalb weniger Millisekunden der Drosselklappenwinkel und damit das Antriebsmoment verringert, selbst wenn der Fahrer – im Extremfall – Vollgas geben sollte. Die Logik von ASR ist so aufgebaut, daß beim Durchdrehen eines Antriebsrades bei niedrigen Geschwindigkeiten zunächst der Bremsregelkreis anspricht, mit zunehmender Geschwindigkeit gewinnt dagegen der Motorregelkreis höhere Priorität. Die gelbe Funktionsanzeige im Cockpit informiert den Fahrer, wenn sich ASR einschaltet, und signalisiert ihm, daß er sich der fahrphysikalischen Grenze genähert hat.

Freizeit-Programm

Maßgeschneiderte Zubehör-Artikel machen die A-Klasse noch vielseitiger und noch individueller. Das Angebot reicht vom Fahrradträger für den Innenraum (Foto) bis zum Rucksack für Kinder.

Viel ist manchmal noch nicht genug. Die umfangreiche Liste der Serienausstattung der A-Klasse liest sich zwar beeindruckend, doch trotz Lines und mehr als 30 nützlicher Sicherheits- und Komfortdetails bietet das serienmäßige Komplettangebot des neuen Mercedes-Modells Spielraum für noch mehr Individualität. Familien mit Kindern, die sich eine sichere und komfortable Unterbringung ihres Nachwuchses wünschen, oder Freizeitsportler, die Surfboard oder Fahrrad mit dem Auto transportieren wollen, finden in einem reichhaltigen Programm von Zubehörprodukten maßgeschneiderte Systeme für die A-Klasse.

Sämtliche Artikel wurden nach den strengen Mercedes-Qualitätskriterien entwickelt und erprobt. Diese anspruchsvollen Vorgaben für die Designer und Konstrukteure verlangten ausgefeilte Funktionalität, großen Nutzen, attraktive Formgebung und natürlich eine gute Portion Originalität und Raffinesse, denn schließlich sollte auch das Zubehör dem innovativen Charakter des neuen Modells entsprechen.

Für Freizeitsportler: Dachträgersystem aus Aluminium

Die A-Klasse überrascht zwar von Haus aus mit einer Ladekapazität und einer Variabilität, die selbst bei größeren Automobilen als beispielhaft gelten, dennoch kann der Wunsch nach ganz speziellen Transportmöglichkeiten entstehen. Beispielsweise wenn Ski, Fahrräder, Boot oder auch Gepäckcontainer mit in den Urlaub sollen. Um solches Equipment aufs Dach laden zu können, steht der Grundträger „Alustyle“ zur Verfügung, der für den ultrakompakten Mercedes-Benz maßgeschneidert wurde. Er setzt sich aus zwei

Sport-Wagen:
Mit dem Fahrrad im Innenraum und dem Surfbrett auf dem Dach ist die A-Klasse fit für den Freizeitsport. Spezielle Trägersysteme machen es möglich.

Aluminium-Querstreben zusammen, deren pulverbeschichtete Stützfüße aus Aluminium-Druckguß bestehen. Dadurch ist die Konstruktion nahezu pflege- und rostfrei. Ein weiterer Aluminium-Pluspunkt: Die Träger bringen nur zirka 3,5 Kilogramm Eigengewicht auf die Waage, sind aber trotzdem so stabil, daß sie bis zu 100 Kilogramm schwere Lasten problemlos tragen.

Für den sicheren Halt verschiedener Sportgeräte sorgen spezielle, abschließbare Aufbauten, die paßgenau auf ihren jeweiligen Zweck abgestimmt und leicht zu montieren sind. Zur Wahl stehen: Skihalter, Fahrradhalter, Rennradhalter, Surfbretthalter, Boardhalter, Bootshalter, Gepäckkorb, Sport- und Gepäckcontainer. Das gesamte Trägersystem für die A-Klasse erfüllt die DIN-Norm 75 320, die Mindestanforderungen bezüglich Auftrieb, Seitenkräften, Bremssicherheit, Korrosion, Witterungs- und Wetterbeständigkeit vorschreibt. Das Mercedes-Trägersystem übertrifft diese Kriterien. Beispiel Crash-Test: Die „Alustyle"-Dachaufbauten bleiben selbst bei einem Unfall mit einer Geschwindigkeit bis zu zirka 65 km/h auf ein gleichschweres, stehendes Objekt sicher in ihrer Position auf dem Wagendach. In ausführlichen Langzeittests mußten die Dachträger außerdem ihre Stabilität und Haltbarkeit beweisen. Schließlich berücksichtigten die Konstrukteure auch den Aspekt Fahrkomfort. Um Luftverwirbelungen zu minimieren und auf diese Weise die Ursache für Windgeräusche zu beseitigen, erprobten und optimierten sie alle Aufbauten im Windkanal.

Für Radfahrer: Neuentwickelte Innenraum- und Heckträger

Dank des geräumigen und variablen Innenraums müssen Besitzer der A-Klasse ihre Fahrräder nicht unbedingt aufs Dach verbannen. Ein spezielles Trägersystem bietet ihnen die Möglichkeit, zwei Drahtesel im Innenraum ihres Wagens bequem und sauber unterzubringen. Dazu müssen lediglich der größere 2/3-Teil der Rücksitzbank herausgenommen und das 1/3-Teil in die platzsparende Transportstellung gebracht werden. So ensteht Platz für den Innenraumträger, der zwei Bikes und ihre demontierten Vorderräder sicher fixiert.

Eine Anhängervorrichtung vergrößert die Transportkapazität der A-Klasse zusätzlich. Sie eignet sich übrigens nicht nur für den Hängerbetrieb, sondern eröffnet überdies die Möglichkeit, einen Heckfahrradhalter anzubauen, der weder den Platz im Innenraum schmälert, noch einen Aufbau auf dem Dach erfordert. Das gleiche gilt freilich auch für den Fahrradträger, der sich ohne großen Aufwand an der Heckklappe der A-Klasse befestigen läßt. Die Mercedes-Ingenieure haben die Kunststoff-Heckklappe an verschiedenen Stellen verstärkt, damit dieses Trägersystem einen sicheren Halt findet.

Lade-Meister:
Der Innenraumträger ermöglicht den sicheren Transport zweier Drahtesel. Nur die Vorderräder der Bikes müssen abmontiert werden.

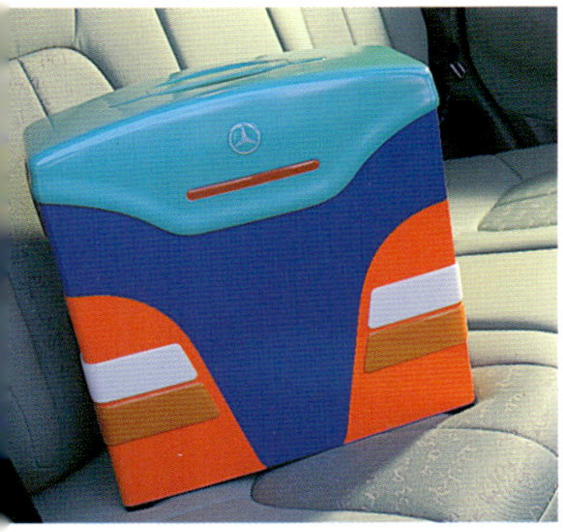

Doppel-Funktion:
Der bunte Schulranzen läßt sich auch als Kindersitz verwenden, während der Rucksack an einer der vorderen Sitzlehnen seinen Platz findet und als zusätzlicher Stauraum dient.

Für Knirpse: Schulranzen und Kindersitz in einem

Bei der Zusammenstellung des Zubehörprogramms für die A-Klasse haben die Stuttgarter Fachleute auch an kleine Mitfahrer gedacht. Das Ergebnis ist ein origineller Schulranzen, der gleichermaßen als Kindersitz einsetzbar ist. Einfach den mit Büchern gefüllten Schulranzen auf der Rücksitzbank befestigen, und schon dient die Neuentwicklung als Kindersitz für Knirpse im Alter von vier bis zwölf Jahren. Das vielseitige Zubehörteil erfüllt selbstverständlich alle Sicherheitskriterien und ist aus robustem Kunststoff gefertigt. Auch sein Design paßt zur A-Klasse, denn als Schulranzen getragen, hat die Rückseite eine bestechende Ähnlichkeit mit der Rückansicht des Mercedes-Modells. Im Mercedes-Design präsentiert sich schließlich auch ein spezieller Rucksack, in dem Kinder Bücher, Spielsachen oder Stofftiere mit auf die Reise nehmen können. Der als Zusatzausstattung ab Werk lieferbare Rucksack läßt sich während der Fahrt mittels einer speziellen Schlaufe an der Rückseite der Fahrer- oder Beifahrersitzlehne befestigen.

Zusatz-Details:
Die Vario-Armlehne bietet Platz für Spielsachen und Getränkedosen (oben links). Farbenfrohe Schonbezüge schützen die Sitze vor Verschmutzung (oben rechts).

Für Familien: Schonbezüge und Vario-Armlehne

Häßliche Schmutzspuren auf den Originalsitzen lassen sich mit Schonbezügen vermeiden. Diese Lösung, die sich vor allem für Familien mit kleinen Kindern empfiehlt, muß keineswegs „billig" aussehen, denn für die A-Klasse hat Daimler-Benz spezielle Schonbezüge für alle Sitzpolster-Varianten entwickelt. Sie sind entweder im Original-Stoffdessin zu haben und wirken deshalb gar nicht wie Schonbezüge, oder sie haben ein Spezialdessin, welches den Innenraum der A-Klasse noch bunter und peppiger erscheinen läßt. Beide Varianten sind exakt auf die Sitze zugeschnitten und bieten die gleichen Vorteile: Ihre atmungsaktive, elastische Strickware paßt sich dem Sitz faltenfrei an und ist sehr strapazierfähig, pflegeleicht und bei 30 Grad waschbar.

Als familientauglich entpuppt sich auch die Vario-Armlehne, die in der äußeren Form der prägnanten Silhouette der A-Klasse nachempfunden ist. Sie wird in der Mitte der Rücksitzbank befestigt und nimmt vielerlei Utensilien auf, die sich auf längeren Fahrten als unentbehrlich erweisen können – vor allem wenn Kinder mit von der Partie sind. Zum Beispiel Getränke (drei 0,33-Liter-Dosen und eine 0,7-Liter-Flasche), Besteck, Süßigkeiten, Walkman und vieles mehr. Sogar ans Extrafach für den Gameboy wurde gedacht. Leicht zu integrierende Kühl-Akkus sorgen an den heißen Tagen des Jahres für kühle Getränke. Ein besonderer Gag: Wer will, kann die 380 x 230 x 220 Millimeter große Multifunktions-Armlehne auch aus dem Fahrzeug nehmen und mittels Gurts als Tragetasche verwenden.

Kühl-Raum:
Die Kühltasche läßt sich ans elektrische Bordnetz der A-Klasse anschließen. Ein Thermo-Aggregat sorgt im Inneren der Box für Abkühlung.

Für Urlauber: Kühltasche mit 12-Volt-Anschluß

Eine „richtige" Kühltasche gibt es ebenfalls als Zubehör für die A-Klasse. Ein thermoelektrisches Aggregat, das nur wenig Strom verbraucht, keinen Verschleiß kennt und deshalb wartungsfrei ist, sorgt im Inneren dieses Zubehör-Artikels für die gewünschte Kühlung. Die Kunststoffbox mit Außentasche aus gepolstertem Nylon ist 220 x 390 x 390 Millimeter groß, so daß Wasser- oder Sprudelflaschen auch stehend hineinpassen. Der hygienische Innenbehälter besteht aus Aluminium und Kunststoff und ist leicht zu reinigen, falls etwas verschüttet wird. Natürlich läßt sich die Kühlbox auch aus dem Fahrzeug herausnehmen und bequem samt Inhalt mitführen – sei es an den Strand oder zum Picknick.

Für Individualisten: Lenkräder mit hochwertigen Dekor-Materialien

Wünsche, die weniger auf praktische Lösungen als auf eine noch individuellere Ausstattung des Interieurs abzielen, lassen sich beispielsweise mit Lederlenkrädern erfüllen, die mit diversen Dekor-Einsätzen zu haben sind. Zur Wahl stehen reine Lederlenkräder, aber auch interessante Materialkombinationen wie Leder plus Carbon oder Leder plus Wurzelnußholz. Solche Volants werten den Innenraum optisch auf, vermitteln Sportlichkeit und durch die besonders schöne, handgearbeitete Ausführung auch Exklusivität.

Neben dem dekorativen Zweck bieten sie aber auch praktischen Nutzen: Ihr organisches Material faßt sich sympathisch an und verbessert das Fahrzeug-Handling nochmals.

Passend zu diesen Lenkrädern gibt es Schalthebel. Sie tragen wahlweise eine Spange aus echtem Holz, sportlichem Carbon oder extravagantem Chrom. Die Griffe bestehen aus hochwertigem, splitterfreiem Material und sind wärme- und kältebeständig.

Für eine noch schönere Exterieur-Optik sorgen die als Zubehör lieferbaren Leichtmetallfelgen für die A-Klasse. Zwei Modelle stehen zur Auswahl:

- Einteilige Aluminium-Gußfelge im Drei-Speichen-Design in den Dimensionen 5,5 x 15 für die Bereifung 175/65 R 15. Highlight ist der austauschbare Raddeckel, der in unterschiedlichen Oberflächenvarianten, Chrom oder Wagenfarbe angeboten wird.
- Fünfspeichige Felge in den Dimensionen 5,5 x 16 in Verbindung mit Breitbereifung 195/50 R 16.

Diese Beispiele zeigen, daß es sich selbst bei einem komplett ausgestatteten Automobil wie der A-Klasse lohnt, einen Blick in das Angebot der Zubehörprodukte zu werfen, die Mercedes-Niederlassungen und -Vertragspartner bereithalten. Solche Extras geben dem Auto nicht nur einen persönlichen Pfiff, sondern erweitern die Anwendungsmöglichkeiten und erhöhen die Funktionalität des Autos.

Rad-Schlag:
Als Zubehör sind für die A-Klasse zwei formschöne Leichtmetallfelgen im 15- und 16-Zoll-Format lieferbar.

Für alle Fälle

Die regelmäßigen Tankstopps bieten Gelegenheit, dem eigenen Auto einmal kritisch aufs und unters Blechkleid zu schauen. Die nachfolgende Checkliste nennt die wichtigsten Prüfpunkte.

Auto-Check beim Tankstopp

Check	Hinweis
Kraftstoffsorte	Bei A 140 und A 160 grundsätzlich bleifreies Superbenzin mit 95 ROZ bzw. 85 MOZ tanken.
Scheiben	Gründlich reinigen. Bei starker Verschmutzung oder Schlierenbildung auf der Frontscheibe Mercedes-Fensterreinigungsmittel verwenden.
Außenspiegel	Gründlich reinigen ggf. MB-Fensterreinigungsmittel verwenden.
Scheibenwischer	Wischergummis regelmäßig mit Mercedes-Autoglasreiniger abwischen und ein- bis zweimal pro Jahr erneuern lassen.
Scheinwerfer	Nur mit weichem Tuch oder Schwamm reinigen. Als Reinigungsmittel empfiehlt sich Mercedes-Autoshampoo (siehe auch Seite 89).
Heckleuchten	Mit weichem Schwamm oder Lappen reinigen. Nicht scheuern und keinen harten Insektenschwamm verwenden.
Reifen	Luftdruck alle zwei Wochen überprüfen (siehe auch Seite 192). Die Abnutzung des Reifenprofils regelmäßig kontrollieren und die Pneus je nach Verschleißzustand von vorn nach hinten (oder umgekehrt) umsetzen. Reifen mit weniger als vier Millimeter Profiltiefe erneuern.

Check	Hinweis
Motorraum	Kurze Sichtprüfung auf etwaige Undichtigkeiten an Öleinfülldeckel, Ölfilter, Zylinderkopfdeckel und Kurbelgehäuse. Kühlmittelschläuche und Dichtung des Verschlußdeckels am Kühler kontrollieren. Bei Defekten Mercedes-Werkstatt aufsuchen.
Motoröl	Für die Ölstandkontrolle muß die Motorhaube normalerweise nicht geöffnet werden: Nach dem Einschalten der Zündung innerhalb einer Sekunde zweimal die Rückstelltaste des Tageskilometerzählers drücken. Daraufhin erscheinen im Display Informationen zum Motorölstand: „o. k." bedeutet „alles in Ordnung"; „-1.0L" bedeutet, daß ein Liter Öl nachgefüllt werden muß. Wichtig: Den Motor vor der Ölstandkontrolle für rund fünf Minuten ausschalten.
Scheibenwaschanlage	Flüssigkeitsstand am Behälter im Motorraum prüfen. Im Sommer Mercedes-Scheibenwaschmittel-Konzentrat „S" beimischen, im Winter MB-Konzentrat „W" und „S" im empfohlenen Verhältnis beimischen. Bedienungsanleitung beachten.
Kühlmittel	Kühlmittelstand am Ausgleichsbehälter im Motorraum kontrollieren. Bei heißem Motor darf die Kontrollmarke um etwa 1,5 Zentimeter überschritten werden. Vorsicht beim Öffnen des Verschlußdeckels: Kühlsystem nur bei einer Kühlmitteltemperatur unter 90 Grad Celsius öffnen – Verbrühungsgefahr! Den Deckel immer zuerst bis zur Vorraste drehen, um den Überdruck abzulassen. Erst danach den Deckel weiterdrehen und abnehmen. Nur Qualitäts-Kühlmittel verwenden.
Bremsflüssigkeit	Flüssigkeitsstand am Vorratsbehälter im Motorraum kontrollieren. Er soll zwischen der „Max"- und „Min"-Markierung liegen. Ist zuwenig Bremsflüssigkeit im Behälter, nicht weiterfahren und Mercedes-Werkstatt informieren. Keine Bremsflüssigkeit nachfüllen.
Leuchtweiteregulierung	Vor der Weiterfahrt den Leuchtweiteregler der Scheinwerfer einstellen. Bei Modellen mit Xenon-Scheinwerfern erfolgt die Leuchtweiteregulierung automatisch.
Sicherheitsgurte	Das Gurtband darf nicht verdreht oder beschädigt sein. Auf etwaige Scheuerstellen am oberen Umlenkpunkt und am Gurtschloß achten (siehe Seite 86). Beschädigte Gurte oder schwergängige Aufrollautomaten austauschen lassen.

Lichtzeichen aus dem Cockpit

Die A-Klasse ist mit intelligenten Systemen ausgestattet, die sich selbst überwachen. Etwaige Störungen werden sofort durch Warnlampen im Kombi-Instrument angezeigt. Doch leuchtet eine der Kontrolleuchten während der Fahrt auf, besteht kein Grund zur Panik. Die wichtigsten elektronischen Steuergeräte haben Notfunktionen, die eine sichere Weiterfahrt bis zur nächsten Mercedes-Werkstatt gewährleisten. Trotzdem sollte man wissen, was die verschiedenen Kontroll- und Warnleuchten im Cockpit bedeuten und was zu tun ist, wenn eine der Störungslampen während der Fahrt aufleuchtet. Weitere Hinweise finden Sie auch in den Bedienungsanleitungen der A-Klasse.

Störungshinweis während der Fahrt	Möglicher Grund	Was tun?
Gelbe Kontrolleuchte „Warndreieck“	Eines der Antriebsräder hat seine Haftgrenze erreicht. Die auf Wunsch lieferbare Antriebsschlupfregelung (ASR) ist aktiv.	1) Beim Anfahren möglichst wenig Gas geben. 2) Langsam fahren. Unfallrisiko!
Rote Kontrolleuchte „SRS“	Das Airbag- und Sidebag-System ist gestört (SRS = Supplemental Restraint System).	Weiterfahrt ist möglich. Umgehend eine Mercedes-Werkstatt ansteuern!
Gelbe Kontrolleuchte „EPC“	Leuchtet die Kontrollampe bei laufendem Motor auf, ist die Kraftstoffeinspritzung des Dieselmotors gestört.	Nächstgelegene Mercedes-Werkstatt ansteuern.
Rote Kontrolleuchte „Batterie“	Die Batterie wird nicht mehr geladen. Mögliche Ursachen: Defekter Generator oder gerissener Keilrippenriemen.	Sofort anhalten und den Keilrippenriemen überprüfen. Ist er gerissen, nicht weiterfahren. Ist der Keilriemen o. k., umgehend nächste Mercedes-Werkstatt ansteuern!

Störungshinweis während der Fahrt	Möglicher Grund	Was tun?
Gelbe Kontrolleuchte „ASR“	1) Die Antriebsschlupfregelung arbeitet nicht mehr einwandfrei oder hat sich völlig abgeschaltet.	1) Weiterfahrt ist möglich. Unbedingt nächstgelegene Mercedes-Werkstatt ansteuern! 2) Weiterfahrt ist möglich. Die Bremsanlage arbeitet ohne Unterstützung des Brems-Assistenten. Störung schnellstmöglich in einer Mercedes-Werkstatt überprüfen und beheben lassen.
Gelbe Kontrolleuchte „ABS“	1) ABS hat sich abgeschaltet, weil der Drehzahlunterschied zwischen Vorder- und Hinterrädern auf glatter Fahrbahn zu groß ist. 2) Nach einer automatischen ABS-Abschaltung bleibt der Fehler gespeichert, und die Kontrollampe leuchtet weiterhin auf. Beim nächsten Motorstart wird die Fehlermeldung gelöscht. 3) ABS hat sich abgeschaltet, weil die elektrische Bordspannung auf weniger als zehn Volt abgesunken ist. 4) ABS hat sich abgeschaltet, weil das System defekt ist.	1) Weiterfahrt ist möglich. Die Bremse funktioniert trotzdem. Vorsicht: Auch das Traktionssystem ASR arbeitet jetzt nicht mehr! 2) Weiterfahrt ist möglich. Die Kontrollampe muß nach dem nächsten Motorstart erlöschen. 3) Weiterfahrt ist möglich. Die Bremse funktioniert trotzdem. Eventuell Generator und Batterie überprüfen. Bei höherer Bordspannung schaltet sich ABS wieder ein. 4) Weiterfahrt ist möglich. Die Bremse funktioniert trotzdem. Baldmöglichst eine Mercedes-Werkstatt aufsuchen.
Gelbe Kontrolleuchte „Kühlmitteltemperatur“	Leuchtet die Kontrollampe im Stand auf, hat das Kühlmittel des Motors eine Temperatur von 130 Grad Celsius überschritten.	Umgehend den Motor abstellen und abkühlen lassen. Nach etwa 20 Minuten den Kühlmittelstand kontrollieren – Vorsicht: Verbrühungsgefahr! Ist der Kühlmittelstand in Ordnung, langsam bis zur nächsten Mercedes-Werkstatt weiterfahren.

Störungshinweis während der Fahrt	Möglicher Grund	Was tun?
Gelbe Kontrolleuchte „Motorölstand“	Der Motorölstand ist unter die untere Markierung des Meßstabes abgesunken. Im Display wird angezeigt, wieviel Motoröl fehlt.	Weiterfahrt bis zur nächsten Tankstelle möglich. Motoröl nachfüllen. Motor auf etwaige Undichtigkeiten überprüfen.
Gelbe Kontrolleuchte „Bremsbeläge“	Die Bremsbeläge sind abgenutzt.	Weiterfahrt ist möglich. Vorsicht: Bremsanlage nicht stark belasten. Baldmöglichst eine Mercedes-Werkstatt ansteuern.
Gelbe Kontrolleuchte „Bremse“	1) Die Feststellbremse ist angezogen. 2) Der Bremsflüssigkeitsstand ist zu niedrig.	1) Feststellbremse sofort lösen. 2) Sofort anhalten und eine Mercedes-Werkstatt benachrichtigen. Keine Bremsflüssigkeit nachfüllen. Vorsicht: Totalausfall der Bremsanlage ist möglich.
Gelbe Kontrolleuchte „Kraftstoffreserve“	Im Kraftstoffbehälter befinden sich nur noch etwa acht Liter Kraftstoff.	Nächstgelegene Tankstelle ansteuern.
„Lim“-Anzeige im Kombi-Instrument (Tachometer)	Der variable Geschwindigkeitsbegrenzer SPEEDTRONIC (Wunschausstattung) ist eingeschaltet.	Zum Ein- oder Ausschalten der SPEEDTRONIC Bedienungsanleitung beachten.
Anzeige „Airbag Off“ auf der Mittelkonsole	Wurde auf dem Beifahrersitz ein spezieller Mercedes-Reboard-Kindersitz installiert, wird der Beifahrer-Airbag beim Aufprall nicht ausgelöst.	Nur Reboard-Kindersitze mit Transpondersystem auf die automatische Kindersitz-Erkennung verwenden.

Notdienst-System

Bei Anruf Hilfe

Mercedes-Benz ist immer für Sie da – im In- und Ausland. Auch nach Feierabend, am Wochenende oder an Feiertagen. Anruf genügt. Die Notdienst-Leitstellen sind rund um die Uhr besetzt und organisieren im Falle einer Fahrzeugpanne schnelle Hilfe. Bitte machen Sie bei Ihrem Anruf auf jeden Fall folgende Angaben:

- Derzeitiger Standort Ihres Fahrzeugs
- Festgestellter Schaden
- Fahrgestellnummer Ihres Fahrzeugs
- Ihre derzeitige Telefonnummer für etwaige Rückfragen

Land	Telefonnummer im Inland	Telefonnummer vom Ausland
Belgien	02 7200513	Landesvorwahl + 2 7200513
Dänemark	48225555	Landesvorwahl + 48225555
Deutschland	0130 5005	Landesvorwahl + 711 541154
Finnland	0400 413113	Landesvorwahl + 400 413113
Frankreich	0800 242430	Landesvorwahl + 88720872
Griechenland	tagsüber: 01 6296555 nachts: 094 354700	tagsüber: Landesvorwahl + 1 6296555 nachts: Landesvorwahl + 94 354700
Großbritannien	0800 800644	Landesvorwahl + 1908 245999
Irland	1800 203203	Landesvorwahl Großbr. + 1922 647744
Italien	1678 61063	Landesvorwahl + 6 41898333
Luxemburg	40801200	Landesvorwahl + 40801200
Niederlande	030 2414111	Landesvorwahl + 30 2414111
Norwegen	67908300	Landesvorwahl + 67908300
Österreich	0049 711 541154	0049 711 541154
Portugal	0800 200752	Landesvorwahl + 1 9429115
Schweden	020 784478	Landesvorwahl + 8 6446276
Schweiz	0800 837465	Landesvorwahl + 1 4449201
Spanien	900 268888	Landesvorwahl + 49 268888
Tschechische Republik	06 01201731	Landesvorwahl + 6 01201731
Ungarn	06 20436933	Landesvorwahl + 20436933

Sprechen Sie deutsch?

Deutsch	Englisch
Vokabeln	
Tankstelle	petrol station
Benzin/Diesel	petrol/diesel
Motoröl	engine oil
Wasser	water
Ölwechsel	oil change
Reifenpanne	puncture
Pannendienst	breakdown service
Motor	engine
Reifen	wheel, tyre
Bremse	brake
Scheinwerfer	headlamp
Bremslicht	stop lamp
Rücklicht	rear light, tail-light
Glühlampe	bulb
Scheibenwischer	wiper

Französisch	Italienisch	Spanisch
la station service	il distributore di benzina	la estación de servicio
l'essence/le gasoil	la benzina/il gasolio	la gasolina/el gasóleo
l'huile moteur	l'olio motore	el aceite
l'eau	l'acqua	el agua
la vidange	cambio dell'olio	cambio de aceite
la panne de pneu	una gomma forata	una rueda pinchada
le service de dépannage	soccorso stradale	servicio de ayuda
le moteur	il motore	el motor
le pneu	il pneumatico	el neumático, la rueda
le frein	il freno	el freno
le phare	il faro	el faro
le feu stop	la luce di arresto	la luz de frenado
le feu arrière	il fanale posteriore	la luz trasera
l'ampoule	la lampadina	la bombilla
l'essuie-glace	il tergicristalli	el limpiaparabrisas

Deutsch	Englisch

Redewendungen

Ich habe eine Panne/ Reifenpanne.	My car has broken down. I have got a puncture.
Ich habe kein Benzin mehr.	My car has run out of petrol.
Mein Wagen springt nicht an.	My car doesn't start.
Wo ist die nächste Auto-Werkstatt?	Where is the nearest garage?
Bitte schicken Sie mir einen Pannendienst.	Please, send me the breakdown service.
Können Sie mich abschleppen?	Can you give me a tow?
Bitte schicken Sie mir einen Abschleppwagen.	Please, send me a break-down lorry/tow truck.
Bitte verständigen Sie die nächste Mercedes-Werkstatt.	Please, inform the nearest Mercedes garage.
Bitte volltanken – bleifreies Superbenzin.	Fill up the tank, please – unleaded premium.
Bitte geben Sie mir zehn zwanzig dreißig Liter Benzin.	Give me ten twenty thirty litres of petrol, please.
Bitte prüfen Sie den Ölstand.	Please, check the oil level.
Bitte prüfen Sie den Reifenluftdruck.	Please, check the tyre pressure.

Französisch	Italienisch	Spanisch
Je suis en panne. J'ai un pneu crevé.	Ho un guasto. Ho una gomma forata.	Tengo una avería. Tengo una rueda pinchada.
Je n'ai plus d'essence.	Non ho più benzina.	Me he quedado sin gasolina.
Ma voiture ne démarre pas.	La mia macchina non parte.	Mi coche no arranca.
Où se trouve le garage plus proche?	Scusi, dov'è l'officina qui vicino?	Perdón, ¿hay algun taller por aqui cerca?
Veuillez m'envoyer le service de dépannage.	Mi mandi il soccorso stradale, per favore.	Por favor, envíeme el servicio de ayuda al automovilista.
Pouvez-vouz me dépanner?	Può aiutarmi?	¿Puede usted sacarme de apuros?
Veuillez m'envoyer une dépanneuse.	Mi mandi per favore il carro attrezzi.	Por favor, envíeme un coche grúa.
Veuillez informer le garage Mercedes le plus proche.	Informi la prossima officina di Mercedes, per favore.	Informe a próximo taller de Mercedes, por favor.
Le plein de super sans plomb, s'il vous plaît.	Mi fa il pieno, per favore – benzina super senza piombo.	Tende el depósito, por favor – de gasolina super sin plomo.
Mettez-moi dix vingt trente litres d'essence, s'il vous plaît.	Mi metta dieci venti trenta litri di benzina, per favore.	Póngame diez veinte treinta litros de gasolina, por favor.
Veuillez vérifier le niveau d'huile.	Controlli il livello dell'olio, per favore.	Mire el nivel del aceite, por favor.
Pourriez-vous, s'il vous plaît, contrôler la pression des pneus.	Controlli la pressione delle gomme, per favore.	Mire la presión de los neumáticos, por favor.

Mercedes-Benz A 140

Motor

Zylinderzahl/-anordnung		4/Reihe, 2 Ventile pro Zylinder
Hubraum	cm^3	1 397
Bohrung x Hub	mm	80 x 69,5
Nennleistung	kW (PS)	60 (82) bei 5 000/min
Nenndrehmoment	Nm	130 bei 3 750/min
Höchstdrehzahl	1/min	6 000
Verdichtungsverhältnis		11,0 : 1
Gemischaufbereitung		Mikroprozessorgesteuerte Benzineinspritzung mit Heißfilm-Luftmassenmessung (HFM)

Kraftübertragung

Kupplung		Einscheiben-Trockenkupplung	
Getriebe		5-Gang-Schaltgetriebe	5-Gang-Automatik
Übersetzungen	Achsantrieb	4,06	3,76
	1. Gang	3,267	3,625
	2. Gang	1,923	2,09
	3. Gang	1,257	1,314
	4. Gang	0,881	0,902
	5. Gang	0,696	0,721
	Rückwärtsg.	3,286	3,673

Fahrwerk

Vorderachse	- Führung	McPherson-Achse, Dreieckslenker
	- Federung	Schraubenfedern, Zweirohr-Stoßdämpfer
Hinterachse	- Führung	Längslenkerachse
	- Federung	Schraubenfedern, Einrohr-Stoßdämpfer
Bremsanlage		Hydr. Zweikreisbremse mit Unterdruckverstärker, Scheibenbremsen vorne, Trommelbremsen hinten, ABS
Lenkung		Zahnstangenlenkung m. elektron. gesteuerter Servopumpe
Räder/Reifen		5,5 J x 15 ET 54/ 175/65 R 15

Maße und Gewichte

Radstand	mm	2 423
Spurweite vorn/hinten	mm	1 500/1 440
Gesamt-Länge	mm	3 575
Gesamt-Breite	mm	1 719
Gesamt-Höhe	mm	1 598
Wendekreis/zw. Bordsteinen	m	10,6/10,3
Kofferraumvolumen bei Beladung bis zur Höhe der vorderen Sitzlehnen	l	390 - 1 040
Gewicht fahrfertig nach EU	kg	1 085
Gewicht fahrfertig nach DIN	kg	1 010
Nutzlast	kg	460
Zulässiges Gesamtgewicht	kg	1 470
Dachlast	kg	100
Tankinhalt/davon Reserve ca.	l	54/8

Fahrleistungen

		5-Gang-Schaltgetriebe	5-Gang-Automatik
Beschleunigung 0 - 100 km/h	s	12,9	14,5
Höchstgeschwindigkeit	km/h	170	167
Kraftstoffverbrauch NEFZ ges.	l/100 km	6,8	7,4

Mercedes-Benz A 160

Motor

Zylinderzahl/-anordnung		4/Reihe, 2 Ventile pro Zylinder
Hubraum	cm^3	1 598
Bohrung x Hub	mm	80 x 79,5
Nennleistung	kW (PS)	75 (102) bei 5 250/min
Nenndrehmoment	Nm	150 bei 4 000/min
Höchstdrehzahl	1/min	6 000
Verdichtungsverhältnis		11,0 : 1
Gemischaufbereitung		Mikroprozessorgesteuerte Benzineinspritzung mit Heißfilm-Luftmassenmessung (HFM)

Kraftübertragung

Kupplung		Einscheiben-Trockenkupplung	
Getriebe		5-Gang-Schaltgetriebe	5-Gang-Automatik
Übersetzungen	Achsantrieb	4,06	3,76
	1. Gang	3,267	3,625
	2. Gang	1,923	2,09
	3. Gang	1,257	1,314
	4. Gang	0,881	0,902
	5. Gang	0,696	0,721
	Rückwärtsg.	3,286	3,673

Fahrwerk

Vorderachse	- Führung	McPherson-Achse, Dreieckslenker
	- Federung	Schraubenfedern, Zweirohr-Stoßdämpfer
Hinterachse	- Führung	Längslenkerachse
	- Federung	Schraubenfedern, Einrohr-Stoßdämpfer
Bremsanlage		Hydr. Zweikreisbremse mit Unterdruckverstärker, Scheibenbremsen vorne innenbelüftet, Trommelbremsen hinten, ABS
Lenkung		Zahnstangenlenkung m. elektron. gesteuerter Servopumpe
Räder/Reifen		5,5 J x 15 ET 54/ 175/65 R 15

Maße und Gewichte

Radstand	mm	2 423
Spurweite vorn/hinten	mm	1 500/1 440
Gesamt-Länge	mm	3 575
Gesamt-Breite	mm	1 719
Gesamt-Höhe	mm	1 598
Wendekreis/zw. Bordsteinen	m	10,6/10,3
Kofferraumvolumen bei Beladung bis zur Höhe der vorderen Sitzlehnen	l	390 - 1 040
Gewicht fahrfertig nach EU	kg	1 095
Gewicht fahrfertig nach DIN	kg	1 020
Nutzlast	kg	460
Zulässiges Gesamtgewicht	kg	1 480
Dachlast	kg	100
Tankinhalt/davon Reserve ca.	l	54/8

Fahrleistungen

		5-Gang-Schaltgetriebe	5-Gang-Automatik
Beschleunigung 0 - 100 km/h	s	10,8	11,9
Höchstgeschwindigkeit	km/h	182	180
Kraftstoffverbrauch NEFZ ges.	l/100 km	6,9	7,5

Mercedes-Benz A 160 TURBODIESEL

Motor

Zylinderzahl/-anordnung		4/Reihe, 4 Ventile pro Zylinder
Hubraum	cm^3	1 689
Bohrung x Hub	mm	80 x 84
Nennleistung	kW (PS)	44 (60) bei 3 600/min
Nenndrehmoment	Nm	160 bei 1 500 - 2 400/min
Höchstdrehzahl	1/min	3 650
Verdichtungsverhältnis		19,5 : 1
Gemischaufbereitung		Hochdruck-Direkteinspritzung, Common-Rail-Technik, EDC-Steuerung

Kraftübertragung

Kupplung		Einscheiben-Trockenkupplung	
Getriebe		5-Gang-Schaltgetriebe	5-Gang-Automatik
Übersetzungen	Achsantrieb	3,05	3,05
	1. Gang	3,267	3,625
	2. Gang	1,923	2,09
	3. Gang	1,257	1,314
	4. Gang	0,881	0,902
	5. Gang	0,696	0,721
	Rückwärtsg.	3,286	3,673

Fahrwerk

Vorderachse	- Führung	McPherson-Achse, Dreieckslenker
	- Federung	Schraubenfedern, Zweirohr-Stoßdämpfer
Hinterachse	- Führung	Längslenkerachse
	- Federung	Schraubenfedern, Einrohr-Stoßdämpfer
Bremsanlage		Hydr. Zweikreisbremse mit Unterdruckverstärker, Scheibenbremsen vorne, Trommelbremsen hinten, ABS
Lenkung		Zahnstangenlenkung m. elektron. gesteuerter Servopumpe
Räder/Reifen		5 J x 15 ET 44/ 155/70 R 15

Maße und Gewichte

Radstand	mm	2 423
Spurweite vorn/hinten	mm	1 520/1 460
Gesamt-Länge	mm	3 575
Gesamt-Breite	mm	1 719
Gesamt-Höhe	mm	1 595
Wendekreis/zw. Bordsteinen	m	10,6/10,3
Kofferraumvolumen bei Beladung bis zur Höhe der vorderen Sitzlehnen	l	390 - 1 040
Gewicht fahrfertig nach EU	kg	1 125
Gewicht fahrfertig nach DIN	kg	1 050
Nutzlast	kg	460
Zulässiges Gesamtgewicht	kg	1 510
Dachlast	kg	100
Tankinhalt/davon Reserve ca.	l	54/8

Fahrleistungen

		5-Gang-Schaltgetriebe	5-Gang-Automatik
Beschleunigung 0 - 100 km/h	s	17,7	18,8
Höchstgeschwindigkeit	km/h	153	150
Kraftstoffverbrauch NEFZ ges.	l/100 km	4,5	4,9

Mercedes-Benz A 170 TURBODIESEL

Motor

Zylinderzahl/-anordnung		4/Reihe, 4 Ventile pro Zylinder
Hubraum	cm^3	1 689
Bohrung x Hub	mm	80 x 84
Nennleistung	kW (PS)	66 (90) bei 4 200/min
Nenndrehmoment	Nm	180 bei 1 500 - 3 200/min
Höchstdrehzahl	1/min	4 400
Verdichtungsverhältnis		19,5 : 1
Gemischaufbereitung		Hochdruck-Direkteinspritzung Common-Rail-Technik, EDC-Steuerung

Kraftübertragung

Kupplung		Einscheiben-Trockenkupplung	
Getriebe		5-Gang-Schaltgetriebe	5-Gang-Automatik
Übersetzungen	Achsantrieb	3,61	3,05
	1. Gang	3,267	3,625
	2. Gang	1,923	2,09
	3. Gang	1,257	1,314
	4. Gang	0,81	0,902
	5. Gang	0,696	0,721
	Rückwärtsg.	3,286	3,673

Fahrwerk

Vorderachse	- Führung	McPherson-Achse, Dreieckslenker
	- Federung	Schraubenfedern, Zweirohr-Stoßdämpfer
Hinterachse	- Führung	Längslenkerachse
	- Federung	Schraubenfedern, Einrohr-Stoßdämpfer
Bremsanlage		Hydr. Zweikreisbremse mit Unterdruckverstärker, Scheibenbremsen vorne innenbelüftet, Trommelbremsen hinten, ABS
Lenkung		Zahnstangenlenkung m. elektron. gesteuerter Servopumpe
Räder/Reifen		5,5 J x 15 ET 54/ 175/65 R 15

Maße und Gewichte

Radstand	mm	2 423
Spurweite vorn/hinten	mm	1 500/1 440
Gesamt-Länge	mm	3 575
Gesamt-Breite	mm	1 719
Gesamt-Höhe	mm	1 598
Wendekreis/zw. Bordsteinen	m	10,6/10,3
Kofferraumvolumen bei Beladung bis zur Höhe der vorderen Sitzlehnen	l	390 - 1 040
Gewicht fahrfertig nach EU	kg	1 140
Gewicht fahrfertig nach DIN	kg	1 065
Nutzlast	kg	460
Zulässiges Gesamtgewicht	kg	1 525
Dachlast	kg	100
Tankinhalt/davon Reserve ca.	l	54/8

Fahrleistungen

		5-Gang-Schaltgetriebe	5-Gang-Automatik
Beschleunigung 0 - 100 km/h	s	12,5	13,7
Höchstgeschwindigkeit	km/h	175	172
Kraftstoffverbrauch NEFZ ges.	l/100 km	4,9	5,4

Register

F

G

H

I

K

L

V

W

Z